张若珈／著
Zhutieguo
Zhuchu Haoweidao

铸铁锅
煮出
好味道

中国轻工业出版社

图书在版编目（CIP）数据

铸铁锅煮出好味道 / 张若珈著. —— 北京：中国轻工业出版社，2017.11

ISBN 978-7-5184-1573-1

Ⅰ.①铸… Ⅱ.①张… Ⅲ.①家常菜肴 – 菜谱 Ⅳ.① TS972.127

中国版本图书馆 CIP 数据核字（2017）第 206750 号

本书中文简体版通过成都天鸢文化传播有限公司代理，经高宝书版集团授予中国轻工业出版社独家发行，非经书面同意，不得以任何形式，任意重制转载。本著作限于中国大陆地区发行。

责任编辑：马　妍　王艳丽

策划编辑：马　妍　　责任终审：劳国强　　封面设计：奇文云海
版式设计：锋尚设计　　责任校对：燕　杰　　责任监印：张　可

出版发行：中国轻工业出版社（北京东长安街6号，邮编：100740）

印　　刷：北京顺诚彩色印刷有限公司

经　　销：各地新华书店

版　　次：2017年11月第1版第1次印刷

开　　本：720×1000　1/16　印张：12

字　　数：200千字

书　　号：ISBN 978-7-5184-1573-1　定价：52.00元

邮购电话：010-65241695

发行电话：010-85119835　传真：85113293

网　　址：http://www.chlip.com.cn

Email：club@chlip.com.cn

如发现图书残缺请与我社邮购联系调换

160313S1X101ZYW

铸铁锅煮出好味道

铸 铁 锅 料 理　　美 味 不 设 限

献给我最宝贝的 V 男孩，
以及……未来的儿媳妇（笑）

作者序 **Preface**

美食承载岁月点滴幸福

犹记得当初离开职场要回归家庭的原因是……"要再生一个小孩!"

结果二宝还没生出来,却意外生了自己的第一本食谱书!(惊)

人生际遇就是这样处处有惊奇啊!(笑)

刚回归家庭时,曾经有过强烈的不安!烦恼自己会变成黄脸婆,经济上只能啃老本和依赖先生的援助少妇金,向来很没存在感的我,更是觉得看不到自我的价值。孩子曾用童言童语说:"好羡慕妈妈可以待在家,都不用上班也不用上学,真好!"这段话却让我心里很受伤,其实家庭主妇要忙的事,也并不比上班轻松啊!孩子都未能理解妈妈当全职主妇的忙碌,而我更怕外人的误解!说真的,家庭主妇这没工资的工作,做过才知道其辛苦,还好后来在厨房日日煮食中,慢慢地找回了小小的成就感。每当家人吃到家常菜时露出的满足微笑与赞美,这一刻,我看到了自己存在的价值,嘴角也不自觉上扬了。

其实我并非科班出身的专业大厨,这里是以一个平凡煮妇准备家常菜的心得,来和大家分享这本食谱书,重点是以最容易取得的食材、用简便的做法,就能做出各式家常料理和甜点面包,在家就能轻松享受烘焙和料理的单纯与快乐!这些菜色是真真切切会在我家每日餐桌上轮流出现的,不求华丽的

食材,只求淳朴又健康的好味道。而且我还为忙碌的上班族和职业妇女设计了可以当常备冷冻调理包的一锅料理,还能延伸出各种变化,例如西式炖煮一锅波隆那肉酱就可以拌意大利面、焗烤千层面、做英式农舍派或肉酱比萨;中式卤锅牛腱可以凉拌牛腱、做红烧牛肉面或牛肉卷饼等。

就当我是一个邻家妈妈或菜市场遇见的大婶,和你分享自家最朴实简单的家常菜,并闲聊有关烘焙和做菜的小窍门吧!没有压力的一起来 enjoy cooking! Have fun~~

这本食谱书记录了我想留给孩子记忆中属于妈妈家常菜的味道,我相信拿到这本书的你们,一定会用自家口味发展出你们家专属的家常菜味道,一代又一代地传承,美食的滋味同时也装载着餐桌上的点滴回忆,是幸福哪!

目录 CONTENTS

Chapter1 厨具、杂货和餐器介绍

 何谓珐琅锅、珐琅铸铁锅和生铁铸铁锅？…… 16
- 珐琅锅…… 16
- 珐琅铸铁锅…… 17
- 三大品牌特色分析…… 20
  Vermicular…… 20
  Staub…… 21
  Le Creuset…… 22
- 生铁铸铁锅…… 23
  生铁锅（荷兰锅）开锅步骤…… 23
  养锅…… 23

 清洗和保养心爱锅具的方法…… 24

 私心推荐 厨房生活杂货＆餐具…… 26
- Bonbonmisha 法国杂货…… 26
- NATURAL KITCHEN 日式杂货…… 30

常见的食谱计量单位…… 33

Chapter2 欧式料理

法式红酒炖牛肉…… 37
普罗旺斯炖菜烤鸡腿…… 39
法式舒芙里欧姆蛋…… 41
牧羊人派（英式农舍派）…… 43
青酱蛤蜊意大利面…… 45
意大利波隆那肉酱…… 47

意式水煮鱼（Acqua Pazza）…… 49
意式肉酱薄脆饼皮比萨…… 51
意式栉瓜乳酪烘蛋…… 53
罗宋汤…… 55

Chapter 3　圣诞节／情人节私厨菜单

匈牙利红椒烤鸡 & 手风琴马铃薯…… 59
英式威灵顿牛排…… 61
西班牙海鲜饭…… 63
奥利奥熔岩巧克力布朗尼…… 65
香料热红酒…… 67

Chapter 4　亚洲异国风味菜

韩式马铃薯鸡汤…… 71
春川辣炒鸡排…… 73
日式炸猪排堡…… 75
日式鸡肉野菇炊饭…… 77
柠檬黄油酒蒸蛤蜊…… 79
北海道鲑鱼石狩锅…… 81
儿童版泰式打抛猪…… 83
泰式绿咖喱鸡…… 85
泰式酸辣虾汤…… 87
泰式柠檬香茅煎鱼…… 89
叻沙米线…… 91
百里香柠檬虾…… 93

Chapter5 妈妈的家常味

蜂蜜啤酒卤梅花肉…… 97

番茄红烧牛肉面…… 99

樱花虾油饭…… 101

糖醋鱼片…… 103

萝卜卤牛腱…… 105

枸杞芝麻油虾…… 107

豆豉鲜牡蛎嫩豆腐…… 109

三杯栗子烧鸡…… 111

可乐卤猪脚…… 113

蜜汁叉烧…… 115

传统古早味卤肉臊子…… 117

酸菜鸭肉汤…… 119

绍兴冰糖红烧肉…… 121

芦笋培根卷…… 123

Chapter6 宴客经典年菜

红蟹米糕…… 127

啤酒冰糖酱鸭…… 129

橙汁排骨…… 131

鲜虾粉丝煲…… 133

蒜香红烧鱼…… 135

腊味乌鱼子煲仔饭…… 137

枸杞银耳莲子汤…… 139

烤红豆年糕…… 141

Chapter7 早餐好时光／午后悠闲茶点

荷兰宝贝烤松饼…… 145

古早味蛋饼…… 147

冷藏发酵松饼…… 149

法式吐司…… 151

草莓巧克力面包布丁…… 153

香蒜乳酪软法面包…… 155

奶油餐包…… 157

乳酪热狗面包卷…… 159

汉堡面包…… 161

蔓越莓奶酥面包…… 163

焦糖面包卷…… 165

坚果乡村面包…… 167

焦糖爆米花…… 169

香蕉巧克力比萨…… 171

红茶饼干…… 173

抹茶红豆蛋糕…… 175

伯爵红茶戚风蛋糕…… 177

蜂蜜柠檬酸乳轻乳酪蛋糕…… 179

Chapter8 手工抹酱／果酱／甜点内馅

焦糖奶油酱…… 185

草莓果酱…… 187

蜜红豆＆红豆汤…… 189

附录

用铸铁锅烘焙蛋糕或面包如何脱模？…… 190

锅具和烤盘模具索引一览表…… 191

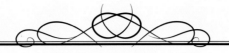

Chapter 1

厨具、杂货和餐器介绍

> # 何谓珐琅锅、珐琅铸铁锅和生铁铸铁锅？

珐琅锅

　　一般较轻的珐琅锅，是珐琅碳钢锅，并非铸铁锅。其内层是以材质较轻的碳钢做成的，锅坯较薄，故加热速度快，但蓄热效果不如珐琅铸铁锅。珐琅材质的锅具，颜色丰富多彩，带有乡村风格的可爱模样和朴实感，深受欧洲人喜爱。

　　例如，丹麦品牌Dansk，1965年开始生产由Jens Quistgaard设计的Kobenstyle珐琅锅系列，特色是锅盖上的十字造型，可作为锅垫使用，收纳也方便。

还有波兰的 Emalia Olkusz 珐琅牛奶锅，该品牌创立于 1907 年。在欧洲厨具界，珐琅制品以波兰为中心，而 Emalia Olkusz 位居领导地位已超过一个世纪。

珐琅材质其实就像玻璃一样，是种搪瓷釉，表面平滑，耐腐蚀耐酸碱，且不易沾附食材味道，很适合煮果酱或煮奶茶；再者，质轻小巧的牛奶锅，刚好能煮一人份的食物，煮完可直接上桌，美观又实用。

珐琅铸铁锅

所谓珐琅铸铁锅，就是在铸铁锅内外都附着一层珐琅层。珐琅铸铁锅以内层珐琅涂层的颜色区分，有白色涂层的白珐琅和透明涂层的黑珐琅两种。黑白珐琅的烹调效果和使用方式略有不同。

白珐琅表面光滑，较适合小火慢炖的料理。

黑珐琅表面略粗糙，较白珐琅耐高温，常用于煎烤或炒。粗面能保留较多油分，与食物接触，煎炸的酥香效果较佳。

珐琅铸铁锅内层材质是铸铁，所以会比珐琅碳钢锅重，其加热速度虽然较慢，但蓄热力好，待食材煮开后，随即将火关至最小，以中小火就能均匀加热，并达到最佳的烹饪效果。再者，因铸铁锅盖较重，其气密性和锁水力相对较佳，在炖卤和煲汤时，总是能轻易烹煮出食材的原汁原味，不仅省时省力，而且节约能源。

有珐琅层的锅具使用时要注意，开火加热前需先加油，以冷锅冷油方式使用，绝对不能

空烧。还有不可让锅经受温度上的急剧变化,避免在加热过程中倒入冰冷的食材或水。也不可将锅放入冰箱冷藏后取出就直接加热,必须等锅温回至室温才能加热,否则珐琅层容易因急速的热胀冷缩而龟裂或破损。

珐琅铸铁锅的色彩和造型越来越多变,除了中规中矩的传统圆锅或椭圆锅,也多了很多有趣的造型锅,如山茶花锅、爱心锅或田园系列的南瓜锅、甜椒锅、番茄锅和苹果锅等,都让煮妇看得心花怒放,烹饪料理时的心情也不自觉随之缤纷多彩!

三大品牌特色分析

Vermicular

Vermicular 锅最大特色是珐琅做工相当细腻，看得出日本工匠们的专业精神。其锅把设计可分散重量，拿取时会觉得轻巧许多，色彩上带有细致高雅的微粒珠光，还有良好的气密性和锁水力，相当适合做无水烹调料理，如无水咖哩等。利用锅底的凸纹支撑蔬菜类食材，避免火源直接加热，可以用小火烹调而带出食材的自然甜味。

Staub

　　Staub 锅内都是黑珐琅设计，锅身较厚实，相对来说也比较重。最大特色是其锅盖有特殊的汲水丁和凹槽设计，可提升气密性和锁水力，较不容易噗锅，煲汤和炖卤的表现都相当出色，很能保留食材的原汁原味。

　　外观颜色都是较沉稳内敛的饱和色系，有些造型锅，宛如艺术品，颇具质感，如南瓜锅和番茄锅。

Le Creuset

颜色款式缤纷多样的Le Creuset（缩写为LC），总是很容易掳获煮妇们的少女心，因为其珐琅颜色渐层做得很美！除了珐琅铸铁锅外，其周边餐具的种类也很多，碗盘、杯壶、烤盘烤盅等都让人目不暇接。

而多款造型锅如山茶花锅用于烤小餐包、爱心锅用于烤蛋糕等，都会让人眼前一亮，常常是餐桌上的焦点。

再者，LC经典妈咪锅是该品牌的人气款。私心推荐黑珐琅内里的妈咪锅，做各式煎煮炒炸料理都非常实用。

生铁铸铁锅

所谓生铁锅，就是纯铸铁制造、没有珐琅层的铸铁锅，如露营常用的荷兰锅就是生铁锅。因为其没有珐琅层来隔绝空气和水分，所以很容易生锈。为了防锈，生铁锅在制造时都会涂一层防锈的涂层（通常为蜡），所以在使用前，必须开锅去掉这层涂层，才能烹煮食物。而且每次用完都得用小火烘干后上油养锅，避免生锈。

生铁锅（荷兰锅）开锅步骤

1. **空烧**：将新锅以中小火空烧至冒白烟，待烟渐渐变小后，熄火，等锅身降温变凉。
2. **清洗**：以马毛鬃刷和水清洗掉防锈的涂层，可加些小苏打粉，不要使用洗洁精。
3. **煮沸**：加水煮开，待锅身降温后，将水倒掉，再刷洗一次后，以中小火烘干。
4. **炒菜**：起油锅炒青菜或是马铃薯片至熟后盛出，等锅降温后，再清洗干净。
5. **抹油**：以中小火烘干，待锅身降温后，以油刷或纸巾均匀涂抹一层植物油，即完成开锅。

养锅

每次烹煮完食物，将锅以温水洗净后，再以中小火烘干，并均匀涂抹一层植物油即可。

生铁锅的优点是耐高温，可空烧加热，所以在烹调肉类时产生的焦香酥脆效果特别好，做免揉面包也很合适。露营时用炭火烧也不怕烧坏，还不挑烹煮时用的锅铲和叉匙的材质，是相当耐用的锅具。

缺点是容易生锈，因而必须养锅，也不适合烹煮酸性物质（如红酒、柠檬或番茄等），遇上酸性食材容易起化学反应，溶出金属物质，使食物有金属味或变色。

清洗和保养心爱锅具的方法

　　珐琅类锅具因为珐琅的特性像玻璃一样，无法承受急剧的温差变化，所以每次烹煮完，都必须等锅身降温后才能清洗，若真的赶时间而无法等待，只能以温水来清洗，避免珐琅因热胀冷缩而龟裂或破损。

　　珐琅碳钢锅和珐琅铸铁锅因有珐琅层可防止生锈，所以不必像生铁锅那样开锅和养锅，初次使用只要在洗净后，烧一锅水煮沸消毒，就可开始烹煮食物了。日常的保养也非常简单，但要避免使用粗质百洁布，以清水、洗洁精或小苏打粉，用海绵或马毛鬃刷等刷洗即可，千万不要用科技海绵来刷洗餐厨锅具与器皿，因为其成分中有三聚氰胺，对人体有害，请避免使用在会接触食物的锅具器皿上。

　　珐琅类锅具若锅底或锅内有顽固难洗的焦垢，锅内可用小苏打粉加水和柠檬汁浸泡，锅底则可倒些小苏打粉水再以打湿的厨房纸巾覆盖，就像敷上了小苏打面膜，隔夜再清洗，能去除大部分顽固的焦垢。

珐琅铸铁锅虽然不需开锅养锅，但是其锅缘处仍有一圈是生铁未上珐琅，故需要锅夹来让锅盖和锅身间留有缝隙，以保持通风。将锅洗净后晾干或擦干，记得将锅缘夹夹上后再盖锅盖。若还是担心锅缘会生锈，可薄薄涂上一层植物油。

珐琅材质最大的缺点是怕刮伤和碰撞，使用时必须特别当心，否则在撞击下会使外层的珐琅脱落，若是内层金属外露就容易锈蚀。烹调时不要用金属制的锅铲或汤匙，否则容易刮伤珐琅层，可用木制或硅胶材质的烹调用具。

其实不管何种铸铁锅，个人认为只要常使用，就是最好的养锅方式。铸铁锅只要好好地保养与使用，都是可以当作传家宝的好锅呦！

私心推荐
厨房生活杂货 & 餐具

Bonbonmisha
法国杂货

私心想向大家介绍一家个人非常喜欢的法国杂货店"Bonbonmisha"。推开优雅古典蓝的这道门,会让人产生错觉,以为置身在南法小镇的某家杂货店,美不胜收的法式浪漫生活杂货与餐具器皿,幽雅氛围随即蔓延开来。

　　店内有许多法国进口的生活杂货及普罗旺斯著名的陶瓷器皿等，构成缤纷浪漫的南法美丽风景。

　　还有法国酒庄进口的各式限量酒款，可与各式料理搭配饮用。

　　必买的是橄榄木砧板，曾经买过店内的意大利火腿爸爸橄榄木砧板，哈！店主人将砧板的名字取得这么可爱！意大利火腿爸爸——造型像火腿的木砧板。

　　我常用这砧板来盛装面包与切食，橄榄木的木纹很容易衬出食物的质感，显得更美味！

　　在气候潮湿的台湾，已使用了两三年的橄榄木砧板，完全没有发霉，只需不时地上点橄榄油，非常好保养。

　　厨房用砧板，建议至少买两块做区分，不然就以正反两面分别制作生熟食，才不会因裂痕的藏污纳垢而交叉污染食材。

　　清洁砧板建议以天然的方式：用盐加柠檬汁去腥、消毒，再用清水冲洗即可。尽量避免用洗洁精清洗，否则清洁剂容易残留在刀痕里。

　　也有许多款式的铸铁锅架，颇具古董的味道。

　　店里还有法式风情的野餐篮、藤篮和藤编包，以及红酒木箱等，都非常适合野餐布置呢！

NATURAL KITCHEN
日式杂货

每次只要有机会北上，我总会去 NATURAL KITCHEN 逛逛，非常喜欢他们店里布置的自然日系乡村风生活杂货，各式餐具器皿和厨房小物的设计，总是简单中又带有温度，让人感觉治愈又温暖。

店内商品若是没另外标示价格，几乎都是一件五十元，很适合想败家又得精打细算的小资煮妇们。

许多厨房杂货在这里都可以找得到，无论是透明玻璃罐的油醋瓶，又或是调味料置物架等，又便宜又有质感。

　　店里不时会更新上架的杯碗器皿或筷架等，也是我的心头好啊！拿来盛装各类茶点，颇有日式朴实简约的别致。

　　节庆时也会推出相关的季节限量商品，所以若是想找万圣节或圣诞节的布置小物，我就会来这里逛逛。

　　店里也有一些烘焙类的工具和用品，如治愈系的森林动物饼干压模，是实用又可爱的厨房小物。

　　另外私心推荐的是各式垫布和厨房餐巾，总是可以给我的餐桌和厨房带来一点儿不一样的变化与好心情呢！

常见的食谱计量单位

量匙

1 大匙 = 15 毫升（1 tablespoon）
1/2 大匙 = 7.5 毫升
1 小匙 = 5 毫升（1 teaspoon）
1/2 小匙 = 2.5 毫升
1/4 小匙 = 1.25 毫升

西式量杯（cup）

1 杯 = 240 毫升（250 毫升）
1/2 杯 = 120 毫升（125 毫升）
1/3 杯 = 80 毫升
1/4 杯 = 60 毫升

注：
公制量杯 1 杯 = 250 毫升
美式英制 1 杯 = 240 毫升

日韩料理量杯（日韩食谱书上常见的量杯容量和西式计量不同）

1 杯 = 200 毫升

中式料理量米杯（中式料理或蒸饭类有时会以电饭锅附的量米杯来做计量）

1 米杯 = 160 毫升

意大利面量面器

依照 1~4 人分量做区分

Chapter 2

欧　式　料　理

经典法式名菜莫过于这道红酒炖牛肉，在家实验过很多次，发觉自己最喜欢的是这个简化食材又用全红酒的版本，只要选用的红酒顺口又不酸涩，做出来的炖牛肉就滋味浓郁又充满酒香，其汤汁蘸面包或是配马铃薯泥都非常可口。

法式红酒炖牛肉

锅具：Le Creuset 24 厘米炖饭锅

材料

牛肋条 …… 8~10 条切块
高筋面粉 …… 适量
洋葱 …… 半个切丝
胡萝卜 …… 半根切块
番茄 …… 1 个切块
去皮整颗番茄粒罐头 …… 1 罐
红酒 …… 半瓶
干燥百里香 …… 1/4 小匙
月桂叶 …… 1 片
香芹 …… 少许
盐和黑胡椒 …… 适量
黄油 …… 适量
蘑菇 …… 1 盒

Tips

1. 红酒挑选原则是选不甜又不酸涩的。
2. 若是家中现有的红酒质地偏酸，也可与牛高汤或鸡高汤搭配，以 1：1 比例来炖煮，只是风味上仍会有些许差别。
3. 蘑菇加热后会缩小，所以切块尽量不要太小，才可保留其口感。
4. 牛肋条用铸铁锅炖煮约 1 小时就可以熟软，若是改用牛腱肉，则建议加长炖煮时间至 2 小时以上。
5. 香草部分也可改用新鲜的香草束（百里香和香芹）一起放入炖煮。

步骤

1. 将牛肉块洗净后，用纸巾拭干水分，切块后放入装有适量面粉的塑胶袋中，让每块肉都均匀裹上面粉。

2. 锅中放少许油热锅后，将已裹上面粉的牛肉块分批下锅，煎至两面金黄后，取出备用，牛肉只要煎到表面微焦能封住肉汁即可，不必过熟。

3. 原锅内放少许黄油以小火融化后，将洋葱丝炒软至甜味释放。

4. 放入胡萝卜块、番茄块略炒至熟软后，再放入牛肉块一起拌炒。

5. 加入罐装的去皮整颗番茄粒。

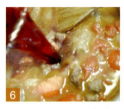

6. 倒入适量的红酒淹过食材。

7. 加入少许盐、黑胡椒和百里香、月桂叶，煮开后盖锅盖转小火炖煮约 1 小时至牛肉软嫩，熄火不开盖，焖约 30 分钟。

8. 另取一平底锅，以小火融化黄油后炒香蘑菇，将奶油蘑菇倒入牛肉锅中，上桌享用前再煮开即可。

皮克斯动画《料理鼠王》里的经典名菜,普罗旺斯炖菜(Ratatouille),是以番茄、洋葱、大蒜为基底,久煮黄、绿栉瓜和圆茄等蔬菜的炖煮料理。法式做法喜欢将蔬菜炖到软烂,但中国人吃蔬菜则喜欢带有一点儿脆度,故我将蔬菜改以和鸡腿一起烤,使其变成带有浓郁鸡汁香气的普罗旺斯烤菜,bon appétit!

普罗旺斯炖菜烤鸡腿

锅具：Le Creuset 26 厘米浅底锅

材料

- 去骨鸡腿 …… 2 只
- 小番茄 …… 10~12 颗
- 大蒜 …… 6~8 瓣
- 新鲜罗勒叶 …… 数片
- 橄榄油 …… 适量
- 盐和黑胡椒 …… 适量
- 黄、绿栉瓜 …… 各半根切小块
- 洋葱 …… 1 个切片或切小块
- 蘑菇 …… 数朵切半

Tips

1. 橄榄油最好选耐高温的，初榨的不适合。再者，橄榄油的用量要足够蘸取每样食材，这样烤出来才会有大量鸡汁，鸡肉也不会烤得过干。
2. 黄、绿栉瓜若不易购买，也可以改成易取得的蔬菜代替，如西蓝花和玉米笋等。
3. 若无新鲜罗勒叶，也可以用干燥罗勒代替。

步骤

1 在锅内放入洋葱、番茄、大蒜、蘑菇和罗勒叶，淋上适量橄榄油，并撒上盐和胡椒。

2 鸡腿肉洗净后，先用刀在内侧交叉划几刀断筋（不要切断），翻过来后，用刀背将鸡皮与鸡肉每处都敲一敲，让肉变得稍微扁平，最后再以纸巾拭干鸡皮部分。

3 在鸡肉上撒些盐和胡椒后，再抹上适量的橄榄油，并稍加揉搓，使其入味。

4 黄、绿栉瓜也淋上橄榄油，并撒少许盐及胡椒，备用。因为要保留栉瓜脆度，所以不一起烤。

5 烤箱预热至200℃，转180℃烤40分钟后取出，再放入黄、绿栉瓜。

6 再进烤箱以200℃烤15~20分钟，至鸡皮呈现金黄焦脆和栉瓜微软即可。

法国圣米歇尔山有家知名餐厅——普拉嬷嬷,其招牌菜就是这道舒芙里。蛋卷里像舒芙里般蓬松,咬下一口,嘴里充满空气的轻盈感,欧姆蛋口感也相当特别,蓬松软绵得像是云朵,外型更是非常可爱讨喜。

法式舒芙里欧姆蛋

锅具：Le Creuset 20 厘米平底圆煎锅

材料

鸡蛋 …… 2 个
盐 …… 少许
黑胡椒 …… 少许
橄榄油 …… 1 大匙
黄油 …… 1 小块

Tips

1. 舒芙里欧姆蛋吃起来只有简单的盐和胡椒的纯蛋卷味，重点是吃那种空气感的舒芙里口感。口味重的人，可以再额外淋上喜欢的酱汁调味。
2. 搅打蛋液的动作要确保将蛋液打入很多空气，让泡沫有绵密感，这样做出来的舒芙里欧姆蛋才会成功哦！

步骤

1. 取一个盆子，打入两个鸡蛋，用打蛋器左右来回不停搅打，要打到蛋液起很多泡泡、略微变白、泡沫带有绵密感为止。再加入适量的盐和胡椒后，搅打均匀。

2. 锅中倒入适量橄榄油，中小火热锅。

3. 从中间倒入已打好的蛋液，可稍微旋转锅，使之呈漂亮圆形。

4. 转小火，煎至底部蛋液都凝固呈金黄色时，即可轻轻铲起底部并放入黄油，再略煎一下，增添香气，将蛋卷对折，便完成喽！

牧羊人派（Shepherd's Pie）是一道传统的英国家庭餐点，名称来自古代牧羊人家庭，先生放羊时经常晚归，无法配合用餐时间，于是聪明的主妇们便将吃剩的肉酱叠在烤盘中，再铺上薯泥进烤箱加热，即可填饱晚归先生的胃。正统的牧羊人派是用羊肉馅，但之后有人用牛肉馅做成派，则称为农舍派（Cottage Pie）。如果不吃牛肉或羊肉的，也可用猪肉馅代替。这里我使用的是牛肉和猪肉馅混合炖煮的波隆那肉酱，搭配上奶香浓郁的马铃薯泥一起烘烤。柔滑顺口的薯泥，配上香气四溢的肉酱，是道非常适合当点心或宴客派对上食用的美味咸派。

牧羊人派（英式农舍派）

锅具：Le Creuset 10 厘米铸铁小锅

材料

肉馅
波隆那肉酱 .... 约 270 克
（分三等份）
做法详见第 47 页

表面薯泥
马铃薯 ...... 3 个
鲜奶 ...... 100 毫升
无盐黄油 ...... 50 克
蛋黄 ...... 2 个
盐 ...... 少许
黑胡椒 ...... 少许

Tips
马铃薯不削皮蒸煮，可以避免吸取过多的水分，这样烘烤出来的咸派，口感较佳。

步骤

1. 炖煮一锅波隆那肉酱，做法详见第47页。
2. 马铃薯洗净外皮后，不削皮放入浅锅中，加冷水至马铃薯的一半，转中小火，盖锅蒸煮20~25分钟，至软化成熟。
3. 将煮熟的马铃薯趁热去皮后，加入黄油和鲜奶搅拌成泥，再以盐和黑胡椒调味。
4. 小锅中填入肉馅，不必压平肉馅，使其保有空隙，烘烤时热气才能穿透。

5. 将适量的薯泥填在肉馅上，再刷一层蛋黄液。
6. 可以用叉子随意画出花纹做装饰。
7. 送入已预热至200℃的烤箱（中下层），烘烤约15分钟，至表面呈金黄色即可。

青酱不一定要用很难取得的罗勒和昂贵的松子来制作,
也可以用平价的罗勒和其他坚果类取代,
但橄榄油最好选择品质好的初榨橄榄油,
这是青酱美味的关键呢!
用蛤蜊高汤和青酱拌煮的意大利面,风味清爽又营养健康!

青酱蛤蜊意大利面

锅具：Le Creuset 23 厘米平底圆煎锅

材料

蛤蜊 …… 15~20 颗
白酒 …… 1 小匙
意大利面 …… 1~2 人份
大蒜 …… 3 瓣切片
橄榄油 …… 适量
盐 …… 少许

青酱
罗勒 …… 一大把约 40 克
腰果（或松子）…… 25 克
大蒜 …… 2 瓣
乳酪粉 …… 2 大匙
盐 …… 1/2 小匙
黑胡椒 …… 少许
橄榄油 …… 4 大匙

Tips

1. 一般是以罗勒和松子来制作青酱，但较难取得也较昂贵，所以可用方便取得的食材，如罗勒和其他坚果类（如腰果或核桃）来代替，制作出来的青酱一样美味又经济。
2. 腰果要选用没有调过味的，其特殊的坚果油脂还带点奶香味，拿来做青酱香浓又顺滑！
3. 罗勒，挑选新鲜绿叶，无发黑和枯黄者为佳。

步骤

1 制作青酱：将坚果类（腰果）先用小烤箱烤 2~3 分钟，或是用平底锅小火焙煎至表面金黄。先不放橄榄油，将其他青酱材料和腰果一起放入食品料理机或果汁机中边打碎、边慢慢倒入橄榄油，打匀后，即可盛装至已消毒干燥的玻璃罐中保存，表面再多倒些橄榄油隔绝空气，冷藏可保存约一周。

2 蛤蜊吐沙后洗净，取一小锅（16 厘米锅）加水煮蛤蜊高汤。水煮开后，倒入 1 小匙白酒，再将蛤蜊放入。蛤蜊全开后，立即关火，将蛤蜊取出，放入碗中冷却。锅中高汤过滤杂质后备用。

3 取一大锅水煮开后，放少许盐和几滴橄榄油，将意大利面以放射状放入锅中，依照面袋上建议时间少 1~2 分钟，开始计时煮，煮至面条八九成熟。

4 取平底锅加入橄榄油，为冷锅冷油，以小火爆香蒜片至略呈金黄色后，加入适量的蛤蜊高汤煮开。

5 将面条捞起放入锅中，和蛤蜊高汤拌炒一下，再加入约 2 大匙青酱搅拌均匀，放上已煮熟的蛤蜊即可。

波隆那肉酱就像是意大利版的家常卤肉臊子，个人很喜欢在家炖一锅意大利肉酱，然后分装冷冻保存，很方便就能做出不同变化的菜色，可以拌意大利面或焗烤千层面，也可搭配马铃薯泥做成英式农舍派，甚至作为比萨上的抹酱，真是万用的一锅炖煮料理。

意大利波隆那肉酱

锅具：Le Creuset 22 厘米圆锅

材料

牛肉馅 …… 300 克
猪肉馅 …… 300 克
洋葱 …… 1 个切丁
西芹 …… 2 根切丁
胡萝卜 …… 1 根切丁
番茄酱罐头 …… 1 罐
去皮整颗番茄粒罐头 …… 1 罐
鲜奶 …… 100 毫升
红酒 …… 1 杯（量米杯）
黄油 …… 1 小块
橄榄油 …… 1 小匙
海盐 …… 适量
黑胡椒 …… 适量
意大利综合香料（干燥香草）…… 少许

Tips

1. 若是不吃牛肉，也可全部用猪肉馅。
2. 番茄罐头部分，如下图所示，用酱加上去皮整颗小番茄，是个人觉得风味最佳的组合。

步骤

1. 以小火在锅中融化黄油和橄榄油。

2. 放入洋葱、胡萝卜和西芹丁，转中火炒软蔬菜。

3. 放入牛肉馅和猪肉馅一起炒至全熟。

4. 倒入一量米杯红酒，开中大火煮开，让酒精挥发，然后倒入鲜奶。

5. 放入番茄酱和整颗番茄粒罐头，用盐和胡椒调味后，盖锅转小火焖煮约40分钟，中间要不时开盖检查并搅拌，避免底部糊锅。

6. 拿掉锅盖，撒上意大利综合香料，将酱汁收至喜欢的浓稠度即可。

意式水煮鱼原名是 Acqua Pazza，意指疯狂的水，是意大利传统的渔夫料理。
将白肉鱼与番茄、蛤蜊和白酒一同烹煮，简单食材便能衬托出鱼肉的鲜美，是道清爽又无油烟的海鲜鱼料理。

意式水煮鱼（Acqua Pazza）

锅具：Le Creuset 30 厘米浅底锅

材料

- 鲈鱼（白肉鱼）…… 1 条
- 蛤蜊 …… 10~15 颗
- 小番茄 …… 10~15 颗
- 洋葱 …… 半个
- 玉米笋 …… 数根
  （没有可省略）
- 大蒜 …… 3 瓣切片
- 百里香 …… 3~4 根
- 香芹叶 …… 少许
- 橄榄油 …… 1 大匙
- 白酒（不甜的）…… 1 杯
- 盐 …… 适量
- 黑胡椒 …… 适量

Tips

1. 若喜欢鱼皮带有焦香味，可事先将鱼两面都煎成金黄脆皮，再放进锅里炖煮。
2. 要确认白酒的酒精全部在煮时挥发，否则整锅都会带有白酒的酸味。

步骤

1. 蔬菜类洗净后，将洋葱切丁、小番茄对半切、蒜瓣切片。

2. 蛤蜊洗净后放入浅盘盐水中吐沙，备用。

3. 鲈鱼洗净后用纸巾拭干，斜切几刀，抹上少许盐略腌。

4. 冷锅放入橄榄油，以小火慢炒洋葱丁至熟软后，再放入蒜片一起拌炒，煸出香味。

5. 放入小番茄和玉米笋一起炒软后，再放入鱼、倒入白酒，转中火煮开让酒精蒸发，盖锅转小火焖煮5~6分钟（中间将鱼翻面一次），放入2根百里香一起炖煮。

6. 开盖确认鱼已熟，放入蛤蜊，盖锅再焖煮1~2分钟，至蛤蜊全开，试试味道后，可用少许盐和黑胡椒调味，再摆上剩下的百里香和香芹叶装饰提香即可。

这款免发酵的比萨饼皮面团,相当容易操作又省时间,多余的面团还能分切以保鲜膜包起,冷冻可保存约一个月,需要时只要拿出解冻至面团软化,就可以擀开成薄皮使用,相当方便!趁假日时炖煮一锅肉酱、简单揉个比萨面团,分装冷冻,随时想吃比萨,只要解冻拼装即可烘烤,这是我家常备的自制健康冷冻食品,比萨里的馅料也可依个人喜好自行变化呦!

意式肉酱薄脆饼皮比萨

锅具：Le Creuset 27 厘米可丽饼煎锅

材料

表面馅料

波隆那肉酱 …… 约 150 克
做法详见第 47 页
比萨用乳酪丝 …… 适量
（也可选用自己喜爱的乳酪刨丝，如帕玛森乳酪，或是马苏里拉乳酪剥块）
鸡蛋 …… 1 个

薄脆饼皮比萨面团
（免发酵）

高筋面粉 …… 250 克
速发酵母粉 …… 5 克
盐 …… 2 克
糖 …… 6 克
耐高温橄榄油 …… 1 大匙（15 毫升）
温水 …… 135~140 毫升

Tips

锅具直径/比萨饼皮面团重量参考：
27 厘米/150 克
23 厘米/120 克
20 厘米/100 克
16 厘米/70 克

步骤

1

取一个大盆，先放入135毫升温水、酵母粉和糖，搅拌均匀，再加入面粉、盐和橄榄油，用木汤匙搅拌均匀后，手揉或搅拌机揉成光滑的面团即可。（约剩5毫升的温水时，可边看面粉吸水状况，边慢慢添加调整）

2

以27厘米烤盘所需，切割出150克面团，剩下的分切后以保鲜膜包紧，放入冷冻库，可保存约一个月，需要时解冻至面团软化，即可擀圆做比萨。

3

将切割好的面团，立即以擀面棍擀薄，并擀成适合烤盘的形状。面皮擀得越薄越好，越薄饼皮吃起来越脆，口感较佳！

4

将擀好的面皮放入烤盘中，边缘可稍微往内卷，让外层一圈有些厚度，中间用叉子戳洞，可避免烘烤时膨胀。

5

先涂抹上肉酱后，再撒上适量的乳酪丝，中间打入一个蛋，送入已预热至250℃的烤箱，烘烤10~15分钟，烤至喜欢的饼皮颜色和软硬度，烤的时间越长，饼皮越焦黄，口感越硬脆。出炉后，可放上新鲜的罗勒叶装饰提香。（蛋黄若要吃半熟的，可以在烘烤的最后5分钟，将鸡蛋打入小碗中，再倒入比萨中央。）

Frittata 意式烘蛋做法,
就是先煎炒蔬菜料,再下蛋液微煎底部而后烤,
是意大利早期时节俭的小资煮妇想出来用剩下的零碎蔬菜
而制作出来的惜福料理。

意式栉瓜乳酪烘蛋

锅具：Le Creuset 20 厘米平底圆煎锅

材料

- 洋葱 …… 半个切丁
- 小番茄 …… 5 颗剖半
- 鸡蛋 …… 4 个
- 盐和胡椒 …… 适量
- 栉瓜 …… 1/4 条切丁
- 双色乳酪丝 …… 1 小把
- 蒜末 …… 少许
- 橄榄油 …… 适量

Tips

1. 调味部分，除了乳酪、盐和胡椒，可依个人喜好再添加干燥香草或辣椒粉等。
2. 蔬菜可随现有食材搭配替换，甚至可以是道清理冰箱的料理。

栉瓜（Zucchini）有绿色和黄色两种，绿栉瓜口感结实爽脆，香气也较浓；黄栉瓜口感偏软，香气稍有不足，所以料理时，若是切片煎烤，黄栉瓜可以切厚点，绿栉瓜则可切薄些。挑选栉瓜请尽量挑短小精干的，摸起来越结实越好，不要软软的，才可放冷藏保存时间长一点。每次切完剩下的栉瓜，用纸巾拭干周围水分后，用保鲜膜包起或装袋密封冷藏，一周内用完即可。

步骤

1 蔬菜都切丁，鸡蛋从冰箱拿出来后冲水使其回复室温。将蛋液打散后，加入乳酪丝、盐和胡椒备用。

2 以少许橄榄油热锅后，用中小火炒软洋葱，再放蒜末拌炒出味。

3 加入栉瓜丁和番茄块略微拌炒，无须炒很久，让栉瓜烤过后还能保留些脆脆口感较好吃。然后关火，倒入已混合乳酪丝、盐和胡椒的蛋液，此时戴隔热手套略微转动锅，让蛋液平均分布（这里动作要快，不然蛋液很快就受热凝结，会转不动）。

4 放入上下火皆预热至180℃的烤箱，放中层烘烤15分钟至蛋液表面凝固即可。

以番茄和根茎类蔬菜为基底的鲜甜汤头,
加上含铁的牛肉精华,
整锅罗宋汤根本就是生气满满的综合营养补给汤。

罗宋汤

锅具：Le Creuset 25 厘米椭圆锅

材料

牛肋条 …… 4~5 条
洋葱 …… 1 个切丁
西芹 …… 2 根切小块
胡萝卜 …… 1 根切小块
番茄 …… 3 个切小块
番茄酱 …… 3 大匙
水 …… 1000 毫升

月桂叶 …… 2 片
娃娃菜 …… 3~4 把切小片
马铃薯 …… 1 个切小块
黑胡椒 …… 适量
蒜粉 …… 少许
意大利香草料 …… 些许
黄油 …… 1 小块

Tips

1. 若是喜欢吃较松软的马铃薯，可在步骤 2 就放入炖煮。
2. 娃娃菜可以用圆白菜或白菜替换。
3. 番茄酱也可以改用番茄糊罐头，味道会更浓郁。

步骤

1. 用少许橄榄油热锅后，转小火融化黄油，并慢慢炒软洋葱丁。

2. 先将已汆烫过的牛肉块煎至两面金黄后，再放入西芹、番茄和胡萝卜块一起拌炒，至蔬菜软化。

3. 倒入 3 大匙番茄酱拌炒至香气出来后，加入蒜粉、黑胡椒、意大利香草料翻炒。

4. 加水没过食材，煮开后放入月桂叶 2 片，盖锅小火炖煮 40 分钟，至牛肉软嫩（可用筷子插进去试）。

5. 开锅盖，放入马铃薯块和娃娃菜片一起炖煮，约 20 分钟。

6. 最后尝味道，再自行增减调味料，熄火再焖 20 分钟使其入味，上桌前将月桂叶挑出。

Chapter 3

圣诞节/情人节私厨菜单

圣诞餐桌上只要有一只烤鸡,感觉就特别地丰盛又温暖幸福!
烤全鸡最让人担心的是烤焦或上色不易等问题,经过个人多次试验后,
发现用橄榄油比用奶油不易烤焦,
以匈牙利红椒粉来烤鸡,烤出来的色泽特别漂亮且诱人!
烤鸡时顺便烤造型很可爱的手风琴马铃薯,
也会是餐桌上的亮点之一!

匈牙利红椒烤鸡 & 手风琴马铃薯

锅具：Le Creuset 29 厘米长方烤盘 / 长方锅

材料

- 全鸡 …… 1 只（约 1 千克）
- 大蒜 …… 数头
- 马铃薯 …… 3 个
- 黄柠檬 …… 半个
- 洋葱 …… 半个
- 黄油 …… 1 小块
- 橄榄油 …… 适量
- 海盐 …… 适量
- 黑胡椒粉 …… 适量
- 香芹末 …… 适量

粉状腌料

- 匈牙利红椒粉（paprika）…… 2 大匙
- 辣椒粉 …… 1 小匙
- 香蒜粉 …… 1 小匙

Tips

1. 烤鸡出炉后静置约 10 分钟后，再切开食用，鸡汁不会流失太多，肉质也较软嫩多汁。
2. 烤软的大蒜可混合黄油成蒜香黄油，涂抹在面包上，相当美味。
3. 烘烤时间依各家烤箱特性和鸡的大小而增减，请自行观察判断。若是表面上色过于焦黑，可降低温度至 180℃，或是放铝箔纸覆盖鸡身表面。
4. 想更有过节气氛，可以用缎带装饰捆绑鸡腿处。

步骤

1. 把粉状腌料混拌均匀。将鸡洗净，用纸巾拭干内外的水分，在室温风干约 15 分钟后，鸡身涂上橄榄油，在鸡皮表面和鸡肚内均匀撒上适量的盐和胡椒，再将 2/3 腌料粉均匀撒上，揉搓抓腌使其入味，鸡肚内也要涂上腌料。

2. 剩余 1/3 腌料粉加入少许橄榄油混拌均匀后，以手蘸取腌料伸进鸡胸皮下涂抹，使鸡胸肉入味且不柴。整只鸡涂完腌料后，不必包保鲜膜，直接放入冷藏，使其风干略腌 3 小时以上，隔夜会更入味。

3. 烤前将鸡拿出，静置约半小时，回复室温并风干，在鸡肚内塞进半个洋葱和半个无蜡的黄柠檬，可使鸡肉较多汁，同时去腥。你若喜欢鸡肚内也可塞进新鲜香草，如迷迭香或百里香等，鸡身表皮上也可再倒少许橄榄油，并撒上一些匈牙利红椒粉抹匀。

4. 以棉绳将鸡腿交叉捆绑，鸡的体态会比较美丽。

5. 马铃薯部分切块，撒上少许盐、胡椒和橄榄油搅拌均匀。将 1 个马铃薯切细片，但不切到底呈手风琴状，撒上盐、胡椒和你喜欢的各式香料等，在每面分层均匀刷上橄榄油，大蒜洗净外皮拭干后切除头部。淋上少许橄榄油。

6. 鸡胸肉朝上摆放，放进已预热至 190℃ 的烤箱烘烤 70~90 分钟。烤约 30 分钟时，拉出烤盘，在手风琴马铃薯上放适量的黄油，以刷子蘸取烤盘底部鸡油均匀涂刷鸡身，使鸡皮不会烤得太干，烘烤中间可不时更换烤盘方向或将鸡翻面，使烤色更加均匀，出炉后可在马铃薯上撒些香芹末增添香气。

威灵顿牛排是一道英国菜，
将牛排涂上鹅肝和蘑菇酱，再盖上酥皮烤焗而成。
相传这道菜是以威灵顿公爵命名的。
由于鹅肝酱的口味并不大众化，也不易取得，因而此处的食
材简化成只用蘑菇酱，
让做法更简便，
且这道菜相当适合在圣诞节或情人节时出场！

英式威灵顿牛排

锅具：Le Creuset 20 厘米平底圆煎锅

材料

- 牛菲力 …… 1 块
- 蘑菇 …… 1 盒
- 洋葱 …… 半个
- 冷冻酥皮 …… 数片
- 盐 …… 些许
- 黑胡椒 …… 些许
- 芥末籽酱 …… 适量
- 蛋黄 …… 1~2 个

Tips

1. 牛肉熟度与烘烤时间参考：烤 20 分钟，约 5 分熟；烤 25 分钟，约 7 分熟。
2. 若多人一起享用，牛菲力可选大片厚块来料理。喜欢吃培根也可在酥皮内多放几片培根铺底，再叠上洋葱蘑菇泥与牛肉。
3. 牛排佐酱：可利用煎完牛排时锅中剩下的肉汁，倒入适量红酒，小火煮到酒精蒸发，就是美味的红酒酱汁。

步骤

1 牛肉块回复室温后，两面以盐和胡椒略腌后，下锅煎至两面微呈金黄、封住肉汁即可取出，趁热在表面涂上适量的芥末籽酱，放一旁冷却静置备用。

2 将蘑菇和洋葱分别绞碎。

3 先将洋葱碎炒至软化并略干后，加少许盐和胡椒调味，再下碎蘑菇一起拌炒至水分收干成泥状，待稍微冷却备用。

4 在保鲜膜上铺上适合包覆牛肉块大小的酥皮，接缝处以蛋液黏着，抹上洋葱蘑菇泥，再放上已涂抹芥末籽酱的牛肉块。

5 在牛肉块上再涂抹一层洋葱蘑菇泥，盖上酥皮，以蛋液黏着后，完整包覆牛肉。

6 将保鲜膜紧紧包起，并旋紧收口，放入冰箱冷藏定型约 30 分钟。

7 取出后撕下保鲜膜，放在已铺烘焙纸的烤盘上，在酥皮上均匀涂抹蛋液，并以刀背画出喜欢的花纹。

8 放进已预热至 200℃的烤箱，烤 20~25 分钟。

一锅西班牙海鲜饭
总是令人感觉丰盛又美好,
相当适合圣诞节或宴客时与亲人好友一同享用,
食材上也尽量简化成
这个好准备的版本,
舍弃很多人不爱吃的青豆和易出水的番茄,
让米饭吃起来更干爽、更粒粒分明!

西班牙海鲜饭

锅具：Le Creuset 26 厘米浅底锅

材料

洋葱 …… 半个切丁
红、黄椒 …… 各 1/4 个切丁
火腿或西班牙腊肠
…… 切丁约半碗量
无骨去皮鸡腿肉
…… 1 只（切小块）
不甜的白酒 …… 3 大匙
姜黄粉 …… 1 小匙
番红花 …… 1 小撮
意大利米或西班牙米 …… 2 米杯
鸡高汤 …… 3 米杯
虾 …… 10 只

鱿鱼 …… 1~2 只
蛤蛎 …… 10~15 个
盐 …… 适量
黑胡椒 …… 适量
匈牙利红椒粉（paprika）
…… 适量
柠檬角 …… 适量

海鲜腌料

盐和胡椒 …… 适量
意大利综合香料 …… 适量
匈牙利红椒粉 …… 适量

Tips

1. 食用前将柠檬汁挤入饭里搅拌均匀，会增添米粒的清香风味。
2. 因各家炉火的火力不一，若是发现米心未熟，可加长焖煮的时间，不过其实地道的西班牙海鲜饭吃起来是米心带有一点点略硬的口感，并不是不熟。
3. 西班牙海鲜饭和炖饭的区别在于，米饭吃起来较为干爽，而不是像炖饭那样湿润，有些做法甚至会在最后将锅放入烤箱以200℃烘烤5分钟，让饭里的汤汁收干使锅底有锅巴。
4. 请特别注意，孕妇不宜食用番红花！在料理时可以省略番红花。

步骤

1. 蛤蛎吐沙洗净，虾剪须去肠泥，鱿鱼切圈，将虾和鱿鱼圈以腌料略腌10分钟后，热油锅略煎至半熟，取出备用。

2. 另起一锅煮鸡高汤，放入番红花，并保持煮沸状态备用。

3. 在锅内倒入适量橄榄油，油热后，放入火腿丁和鸡肉炒至半熟后，再放入洋葱丁炒软，然后放红、黄椒丁一起拌炒。

4. 拨开中间，倒入3大匙白酒，转中大火蒸发酒精，煮开时用锅铲将锅底的焦化物铲起混到汤汁里，这些焦底是好味道的精华，接着再加米粒和姜黄粉一起翻炒。

5. 转中火分次慢慢加入2杯已煮沸的高汤，一次加一调羹，加盐、胡椒和红椒粉调味，炒至米粒吸干汤汁，再加一调羹高汤，最后将米铺平，倒入剩余的1杯高汤，盖锅小火煮约10分钟。

6. 开盖放入已煎至半熟的海鲜类食材，盖锅小火焖煮约5分钟，熄火焖5分钟，最后开盖放入柠檬角装饰及提味。

底层铺了层消化饼，
内馅夹了奥利奥饼干和夏威夷果碎片，
让布朗尼整体口感层次丰富。
一切开，刚出炉的布朗尼还会有熔岩般的巧克力
流出，使布朗尼带有湿润又浓郁的巧克力香气，
吃起来好顺口！

奥利奥熔岩巧克力布朗尼

锅具：Le Creuset 18 厘米圆锅

材料

- 无盐黄油 …… 120 克
- 苦甜巧克力 …… 60 克
- 鸡蛋 …… 2 个
- 糖 …… 25 克
- 蜂蜜 …… 20 克
- 低筋面粉 …… 100 克
- 可可粉 …… 20 克
- 泡打粉 …… 3 克
- 坚果（夏威夷果） …… 80 克
- 奥利奥饼干 …… 6 片
- 消化饼干 …… 6 片

Tips

1. 25 分钟出炉的布朗尼，趁热切开时，里面会有熔岩巧克力流出，超级诱人！若是想吃熟一点的布朗尼蛋糕体，可以延长烘烤时间为 30~35 分钟，请依自己的烤箱特性来斟酌烘烤时间。
2. 测试熟度可用牙签插入，带有微微的沾黏，是最湿润刚好的状态。
3. 刚出炉趁热吃，会有熔岩巧克力蛋糕的口感。
4. 脱模放凉后，若不马上食用，则要冷藏保存。冰过的蛋糕体会比热的稍干，但仍带有些微湿润感；冰凉着吃，会降低甜味而增加巧克力的甘苦味。

步骤

1. 开小火以 30~35℃ 隔水加热融化黄油和巧克力，搅拌均匀备用。

2. 把糖放入蛋液中搅拌至蛋黄打散、糖溶化，加入蜂蜜搅拌均匀，倒入已过筛的面粉和可可粉、泡打粉搅拌均匀，呈浓稠状是正常的，慢慢搅拌到无粉状即可。

3. 倒入已融化的巧克力黄油，搅拌均匀成面糊状，然后再拌入约 1/3 量的夏威夷果碎片。

4. 模具底部先铺上一层压碎的消化饼干，然后倒入一层面糊覆盖。若想要这层消化饼干更紧实不松散，可以消化饼干和黄油比例 2:1（例如饼干 100 克：黄油 50 克）混合均匀，铺在模具底层压紧后，于表面盖上保鲜膜，放入冰箱冷藏 30 分钟以上，取出继续后面的操作。

5. 先倒入一层面糊覆盖消化饼干，在面糊表面撒上切碎的夏威夷果，再铺上奥利奥饼干（奥利奥选择整块放或剥碎放都可以，随个人喜爱的口感决定）。

6. 接着倒完剩余的面糊，再撒上一层夏威夷果碎片，放进已预热至 180℃ 的烤箱，于下层烘烤 25~30 分钟。

7. 出炉后，待锅身略凉后，用硬质细扁的硅胶刮刀，沿着锅边转两三圈，将锅倾斜倒扣，蛋糕就能顺利脱模。

圣诞节时，用红色爱心锅煮一锅温热的香料热红酒，
感觉特别地应景，暖胃又暖心！
带着橙香的果酸和红酒的微醺，
让圣诞氛围一下子迷蒙浪漫了起来。

香料热红酒

锅具：Le Creuset 18 厘米爱心锅
分量：2 人份

 材料

红酒 …… 400 毫升
柳橙 …… 2 个榨汁
柳橙皮屑 …… 适量
柳橙片 …… 2 片
肉桂棒 …… 1 根

八角 …… 2 枚
丁香 …… 5 枚
砂糖 …… 75 克

 Tips

1. 煮红酒的过程中，特别注意千万不要煮开了，否则会将酒精都挥发掉而失去红酒的风味。
2. 若不喜欢肉桂的味道，可省略。

步骤

1. 在锅里倒入100毫升红酒、挤入柳橙汁，并刨些柳橙皮屑（注意不要削到白色的部分，否则会苦）。
2. 再加入肉桂棒、八角、丁香和砂糖，以中小火熬煮至砂糖溶化，快沸腾时，转成小火，慢熬约10分钟。
3. 再将剩余的300毫升红酒加入，继续以小火续煮约5分钟即可熄火，最后放入柳橙片装饰。

Chapter 4

亚洲异国风味菜

这道菜的灵感来源是
首尔必吃美食"韩国一只鸡",
特别喜欢吸附了鸡汤甜味的马铃薯和年糕,
蘸着加了鸡汤的蒜泥酱油,非常清爽好吃。
以洋葱、蒜苗和大蒜熬制的整鸡汤,清淡甘甜也不油腻,
是一年四季都适合享用的美味汤品。

韩式马铃薯鸡汤

锅具：Le Creuset 24 厘米圆锅

材料

小型鸡 …… 1 只
洋葱 …… 1 个切小块
蒜泥 …… 3 瓣压成泥
大蒜 …… 12 瓣
蒜苗 …… 2 根切段
马铃薯 …… 2 个切厚片
（约 1 厘米厚）
盐 …… 适量

韩式年糕 …… 适量

蘸酱

蒜泥 …… 2 瓣压成泥
酱油 …… 1 大匙
鸡汤 …… 1 大匙
蒜苗末 …… 少许

Tips

1. 建议用小型鸡炖煮，能快速煮熟且肉质嫩而不柴，汤头也不油腻！若是改用大型土鸡，则要延长炖煮的时间。
2. 马铃薯块切厚片可避免炖煮后糊掉，而让汤头浑浊。
3. 年糕不要煮太久，煮到刚好的软度，吃起来才会有弹性不软烂。

步骤

1. 取一锅水煮沸后汆烫全鸡，去除血水和腥味。

2. 将鸡放入炖锅中，倒入水至七八分满，再放入蒜泥和洋葱块，煮开后盖上锅盖，转小火炖煮约30分钟。

3. 开盖放入蒜瓣、蒜苗段和马铃薯片，炖煮10~15分钟至马铃薯熟软。

4. 加适量盐调味，再次煮开后放入韩式年糕煮软，即可享用。

韩剧《冬季恋歌》里出现的韩国经典菜肴,
春川辣炒鸡排,当年可是托俊祥和有珍的福才走红韩国呢!
现今更是首尔自由行必吃美食之一
鸡肉与年糕搭上那甜甜辣辣的招牌韩式辣鸡酱,
真是好吃到停不下来,
一定要和旁边的人抢食到最后一刻,不扫到锅底精光,
绝不罢休!

春川辣炒鸡排

锅具:Le Creuset 24 厘米炖饭锅

材料

去骨鸡腿肉 …… 2 只切块
洋葱 …… 半个切丝
圆白菜 …… 半个切片
胡萝卜 …… 半根切细片
地瓜 …… 1 个切细条
韩式年糕 …… 适量
葱 …… 2 根切段

腌料

韩式辣酱 …… 3 大匙
韩式辣椒粉 …… 1 大匙
蒜泥 …… 5 瓣压泥
韩式芝麻油 …… 1 大匙
糖 …… 1 小匙
白芝麻 …… 1 小匙
白胡椒粉 …… 适量
盐 …… 适量
米酒 …… 1 大匙

Tips

若没有韩国辣椒粉,用一般红辣椒粉代替也是可以的。

步骤

1 年糕泡开水备用。

2 鸡肉去皮洗净后,拭干切块,用腌料略腌10分钟。

3 以鸡皮的油脂热锅。

4 将鸡腿肉连同腌料一起下锅,煸炒至肉约八分熟。

5 再将蔬菜材料和年糕放入锅内,和肉一起拌炒,以装腌料的碗盛少许开水倒入锅中。

6 炒至食材都熟软入味后,熄火,加入葱段,翻炒一下即可。

日式炸猪排多是用里脊肉片，但其实用小里脊肉做出的炸猪排，口感更佳，肉质软嫩而不柴，喜欢炸猪排的老饕们一定要试试。用自制的汉堡面包做成的可口日式炸猪排堡，绝对可以让妈妈们轻松赢得孩子崇拜的眼神与赞叹声！

日式炸猪排堡

锅具：Le Creuset 22 厘米 妈咪锅 & 20 厘米单柄方烤盘

材料

- 小里脊肉 …… 1 盒
- 圆白菜 …… 1/4 个切丝
- 汉堡面包 …… 3 份
  做法详见第 161 页
- 猪排酱 …… 适量
- 胡椒 …… 适量
- 盐 …… 适量
- 中筋面粉 …… 适量
- 蛋液 …… 1 个
- 面包粉 …… 适量

Tips

1. 日式猪排酱在一般的超市或卖场都买得到。
2. 圆白菜切丝，可用水果刨刀刨丝。
3. 测试油温方法：把木筷斜插进油中，观察筷子边缘，冒一点点泡 = 140~150℃，稍微再冒多些泡泡 = 160~170℃，冒很多泡泡时约 190℃。

步骤

1. 将超市买的一盒小里脊肉，依其分量，分切成3~4块。以肉槌拍打肉块，使其松筋，再以少许盐和胡椒略腌。

2. 将肉块依次蘸上面粉、蛋液和面包粉。

3. 静置5~10分钟，使面粉反潮。

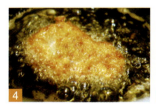

4. 起油锅，用160~170℃油温炸猪排3~5分钟，至两面微微上色后，先取出，再将油温加热至约190℃后，将猪排回锅油炸至金黄酥脆，即可取出沥油。

5. 将汉堡面包剖半稍微烘烤一下。

6. 在面包里放些圆白菜丝，摆上猪排并淋些猪排酱即可。

炊饭几乎是每位日本妈妈都会的家常菜，用料丰富多样，简单变出一锅饭菜，轻松上桌的一锅简易料理。里面的配料我习惯先煸炒，再和大米一起蒸，让香气更足。

日式鸡肉野菇炊饭

锅具：Le Creuset 20 厘米南瓜锅

材料

去骨鸡腿肉 …… 1 大块
蟹味菇 …… 1 包
胡萝卜丝 …… 1/3 根切丝
海带高汤 …… 2 米杯
米 …… 2 米杯

调味料

淡色薄盐酱油 …… 2~3 大匙
清酒 …… 1 大匙
味醂 …… 1 大匙

Tips

1. 炊饭要注意火候，小火是指仍有内外圈的最小火，而非只剩下炉心火，只用炉心火伤锅，如果家中的小火仍是火力过旺，建议用节能板来减弱并平均火力，才不至于煮出焦底的锅巴。
2. 米的杯数增加，炊饭的时间只需增加 2~3 分钟即可，并非倍数增加分钟数。

步骤

1 以两杯冷开水泡1小块海带约1小时，白米洗净后沥干约30分钟，备用。

2 洗净鸡腿肉用纸巾拭干后，切断肉筋再翻面，以刀背打松鸡皮那面。热锅后加少许油烧热，鸡皮朝下，煎至金黄焦脆，取出切块备用。

3 原锅炒香胡萝卜丝和蟹味菇，加调味料，略炒至入味。

4 放入米和海带高汤，将米和炒料一起铺平后，鸡腿块放最上面。盖锅煮开后，转小火煮5~6分钟，过程中不开盖，熄火焖10分钟。

用自制的蒜香柠檬奶油,给平凡的黄油酒蒸蛤蛎,
增添了清爽的柠檬香气,
让酒蒸蛤蛎的汤汁更加鲜甜美味,味道层次也丰富许多噢!

柠檬黄油酒蒸蛤蜊

锅具：Staub 20 厘米塔吉锅

材料

蛤蜊 ⋯⋯ 约 15 颗
大蒜 ⋯⋯ 6~8 瓣
清酒 ⋯⋯ 1 杯（量米杯）
葱花 ⋯⋯ 适量

蒜香柠檬奶油

有盐黄油 ⋯⋯ 100 克
蒜末或蒜泥 ⋯⋯ 5 瓣
鲜榨柠檬汁 ⋯⋯ 1/2 大匙
（约 7.5 毫升）
柠檬皮屑 ⋯⋯ 适量
香芹末 ⋯⋯ 适量
香蒜粒粉 ⋯⋯ 适量

Tips

制作柠檬黄油时，可以直接放一般的奶油，再挤些柠檬汁。

步骤

制作蒜香柠檬黄油：有盐黄油放室温下约1小时至软化，用汤匙可轻松压下去即可，然后用打蛋器将黄油搅打约1分钟，加入柠檬汁和柠檬皮屑及蒜末、蒜粉和香芹末（注意柠檬皮屑不要削到内层白色的皮，否则会有苦味）搅拌均匀后刮起，放入烘焙纸或保鲜膜中包起来，先前后包起，再从两旁卷起挤压，即可将黄油做成可爱圆柱体状！放冰箱冷藏一周内用完最好，每次食用就切适当的量，放常温软化后，可以作为面包或吐司的抹酱，直接入菜也很方便。

热锅热油后放入蒜瓣爆香，再放入蛤蜊。

放入1杯清酒和1小块柠檬黄油。

盖上锅盖转小火略焖煮2~3分钟至蛤蜊全开。

撒上葱花即可享用。

石狩锅是北海道著名的味噌汤底火锅料理,主要食材是鲑鱼,故以鲑鱼产量丰富的石狩川来命名。江户时代,当地的渔夫在严冬时辛苦的捕鲑鱼活动后,都会将一些新鲜的鲑鱼加上洋葱和白菜等蔬菜熬成味噌汤,以示庆功和慰劳,冬天里吃上这一锅,暖胃又暖心。

北海道鲑鱼石狩锅

锅具：Vermicular 22 厘米圆锅

材料

鲑鱼头 …… 1 份切小块
洋葱 …… 半个切丝
胡萝卜 …… 半根切片
白菜 …… 半棵剥小块
鲜香菇 …… 3~5 棵雕花
蟹味菇 …… 半包
豆腐 …… 适量
山茼蒿 …… 适量
姜 …… 8~10 片
香油 …… 适量
海带 …… 1 小块
柴鱼片 …… 1 小把

调味料

信州味噌 …… 2 大匙
白味噌 …… 1 大匙
酒粕或酒酿 …… 1 大匙

Tips

1. 味噌种类可依喜好选择，一般常见的是白味噌和红味噌。白味噌味甜、滑顺，带有醇香；红味噌则较咸，多些豆香味。这里我选用清淡中带有咸味却又不很咸的信州味噌和白味噌搭配使用，汤头可用不同种类的味噌混搭，来调出自己最喜欢的味道。
2. 调味料里多加了些酒粕或酒酿，可让汤头更温润滑顺。
3. 蔬菜和菇类的火锅料，都可以用时令食材代替。
4. 鱼肉和姜片一起煸香再下水烹煮，会少了腥味而多些鱼肉的焦香味。

步骤

1. 先取一锅放入海带、柴鱼片和适量的水，香菇雕花剩下的细小碎片和蒂头也可一起放入，以小火熬煮20~30分钟，过滤后取出高汤备用。

2. 干锅倒入适量香油，小火煸香姜片。

3. 放入鲑鱼块，和姜片一起煸出鱼油，姜片也可去腥，两面煎香后的鱼块先取出备用。

4. 倒入海带柴鱼高汤，煮开后，依次放入洋葱、白菜、胡萝卜，盖锅转小火，一起炖煮约20分钟，至蔬菜熟软后，再放入鲑鱼块、菇类和豆腐块，继续煮约10分钟。

5. 起锅前，将调味料以滤网慢慢过滤后溶入汤底，搅拌均匀即可。

酸酸辣辣的打抛猪是非常适合夏天享用的经典下饭泰式料理，
但因家里小朋友不吃辣，
所以改版成适合孩子们吃的儿童版不辣打抛猪，
还添加了小孩爱吃的玉米笋和菇类，既增加了营养又丰富了口感层次！
餐桌上只要有这道菜，大米饭就可以多扒好几碗。

儿童版泰式打抛猪

锅具：Le Creuset 18 厘米圆锅

材料

猪肉馅 …… 300~400 克
洋葱 …… 半个切丁
蟹味菇 …… 1 包切丁
玉米笋 …… 1 盒切丁
小番茄 …… 8~10 个剖半
罗勒 …… 1 小把

调味料

鱼露 …… 1 大匙
酱油 …… 2 大匙
米酒 …… 1 大匙
柠檬汁 …… 1 大匙
糖 …… 1 大匙
蒜泥 …… 2~3 瓣压泥

Tips

1. 若是大人要吃辣版，可先将小孩要吃的部分盛起，最后再放辣椒末一起拌炒，增加辣味。
2. 菇类也可用一般新鲜香菇或袖珍菇代替。
3. 小番茄也可以用普通番茄切丁代替。

步骤

1. 先将调味料酱汁调匀备用。

2. 热锅不放油，将肉馅平铺锅底，以锅铲稍微压一压，逼出油脂。将猪肉炒熟后，放入洋葱丁，拌炒至洋葱软化。

3. 放入菇类和玉米笋略微拌炒后，再放番茄，一起炒至略微出汁。

4. 加入已调好的酱汁翻炒均匀。

5. 煮至水分微微收干，食材也全熟，即可关火，再加入罗勒快速拌炒增加香气。

绿咖喱是每回到泰国餐厅必点的一道菜,
喜欢香辣绿咖喱酱汁配白饭,
边流汗边呼噜呼噜吃着,是种很过瘾的畅快感觉!
绿咖喱不一定只能配鸡肉,换成牛肉片也很搭呢!

泰式绿咖喱鸡

锅具：Le Creuset 20 厘米圆锅

材料

- 去骨鸡腿肉 …… 2 只切块
- 长茄子 …… 半根切块
- 袖珍菇 …… 半盒
- 秋葵 …… 4~5 根
- 椰奶 …… 1 罐约 250 毫升
- 绿咖喱酱 …… 70 克
- 椰糖 …… 1 大匙
- 鱼露 …… 1 大匙
- 水 …… 150 毫升
- 红辣椒 …… 3 根
- 罗勒 …… 1 把

Tips

1. 小火逼出椰奶中的椰油是好味道的关键，这样才能让绿咖喱酱散发温润丰富的香味。
2. 鱼露和椰糖的量会依所使用绿咖喱酱的咸淡略做调整，最好是慢慢加，边做边尝味道。
3. 菇类可替换成杏鲍菇或蟹味菇、草菇。

步骤

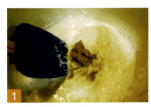

1. 先在锅中倒入半罐椰奶，以小火煮至椰奶冒泡，逼出椰油后，再放入适量绿咖喱酱炒香。

2. 放入鸡肉炒至半熟。

3. 再放入袖珍菇和茄子、秋葵，一起略微拌炒。

4. 倒入水和椰糖煮开后，转小火炖至食材快熟时，再倒入剩下的椰奶，再次煮开。

5. 熄火后，以鱼露调味，放入罗勒和辣椒即可。

TOM YUM KUNG(冬荫功)是泰国的经典料理,泰文中的 TOM YUM 是指酸辣味道,KUNG 则是指虾,冬荫功集合了酸辣香鲜的味道,是泰国汤品中的大魔王,酸辣又开胃!

泰式酸辣虾汤

锅具：Le Creuset 22 厘米妈咪锅

材料

虾壳 …… 适量
虾 …… 8~10 只
小番茄 …… 6 颗纵切
草菇 …… 1 罐
柠檬叶 …… 2 片
香茅 …… 适量
南姜 …… 4 片

冬荫酱 …… 2 大匙
柠檬汁 …… 1 大匙
鱼露 …… 1 大匙
椰浆 …… 100 毫升
水或高汤 …… 900 毫升
香菜 …… 少许
辣椒 …… 1~2 根切片

Tips

1. 平常买到的新鲜虾，若是做虾仁料理时，可顺手将不用的虾壳收集装袋冷冻。用虾壳熬制虾高汤，会让海鲜类的汤头更鲜美！
2. 草菇可用袖珍菇替代。
3. 鱼露和柠檬汁不耐久煮，所以在加入椰浆略微煮开后，就要赶快关火。

步骤

1 热锅热油炒香虾壳或高汤，加入约900毫升水煮开出味，倒出备用。

2 在原锅炒香虾或虾仁和辣椒，倒入过滤后的虾高汤。

3 加入柠檬叶、南姜、香茅和约2大匙的冬荫酱。

4 加入草菇和小番茄一起熬煮，约5分钟后关火，捞出香料叶片。

5 加入鱼露和柠檬汁搅拌均匀，尝尝汤头的酸辣程度（有利于判断之后加入椰浆的量）。

6 加入椰浆后煮开，再尝尝味道，依个人喜好斟酌添加冬荫酱或椰浆，调整到喜欢的味道。上桌前，再放点香菜增色添味。

用铸铁条纹煎烤盘煎烤鱼,
只要掌握火候和翻面的时间,
也能煎出焦香又不粘黏破皮的鱼。
再淋上泰式柠檬香茅酱汁,
鱼酥嫩且酸中带辣!

泰式柠檬香茅煎鱼

锅具：Le Creuset 24 厘米条纹煎烤盘

材料

鲈鱼 …… 1 条
柠檬 …… 2 颗
香菜 …… 适量
粗盐或盐 …… 适量
油 …… 适量
柠檬片 …… 适量
香菜末 …… 适量

调味料

鱼露 …… 2 大匙
柠檬汁 …… 2 大匙
细砂糖 …… 1 小匙
酱油 …… 1 小匙
香菜梗 …… 适量
辣椒片 …… 适量
蒜末 …… 适量
香茅末 …… 适量

Tips

1. 煎烤鱼时，一定要冷锅冷油热锅，并等锅足够热时，再将鱼下锅，而且要有耐心等待鱼皮呈金黄焦香成熟状才能翻面，如此方能不粘黏与破皮。
2. 若是新手不熟悉锅热的温度，且担心鱼皮粘黏，可在鱼身拍上薄薄一层面粉或淀粉，可防止粘黏锅底。
3. 鱼身煎的时间会因其大小和厚度有差异，请适时观察鱼的成熟程度来调整。

步骤

1. 鲈鱼洗净后用纸巾拭干，两面各斜切两刀，抹适量粗盐或盐略腌5分钟。

2. 在凸起的条纹上刷些油开始热锅，凹槽部分不需涂油，否则容易喷油。

3. 锅热后，将鱼身再次用纸巾拭干并确认无水分残留，将刷子上的余油轻轻扫过鱼身。

4. 锅足够热时，将鱼放入烤盘，可以用锅盖略压，这样鱼身就会有焦香的烙痕。

5. 转中火略煎5分钟后，可用铲子轻轻推一下鱼身，确认已成熟且表面金黄，即可翻面，继续煎3~4分钟。

6. 将调味料事先调好，待鱼成熟趁热淋上，再切些柠檬片摆盘装饰，并撒上香菜末即可。

叻沙（Laksa）是一道起源于马来西亚的面食料理，为马来西亚和新加坡的代表性美食。汤头除了娘惹叻沙，主要特色为加了椰奶，并且用了少许鱼露和柠檬汁来做最后的提味，米线吸附了微辣浓郁的叻沙椰香汤汁，口口都是让人满足的好味道啊！

叻沙米线

锅具：Le Creuset 18 厘米苹果锅

材料

越南米线 …… 1 把
油豆腐 …… 3 块
鱼丸 …… 5 个
鲜虾 …… 4 只
蛤蜊 …… 6 个
豆芽 …… 适量
豌豆苗 …… 适量
辣椒片 …… 1 根切片

叻沙叶（或用罗勒取代）
…… 适量

汤头调味料

叻沙酱 …… 3 大匙
椰浆 …… 120 毫升
开水 …… 650 毫升
鱼露 …… 少许
柠檬汁 …… 少许

Tips

1. 叻沙酱本身不太辣，嗜吃辣者可以多加辣椒片，会更够味。
2. 叻沙叶较难取得，可以用方便取得的罗勒代替。
3. 若虾分量较多，建议先汆烫后再放入，以免整锅叻沙汤头被抢味，椰奶风味也会失色许多。
4. 不吃海鲜，可以用汆烫过的鸡胸肉剥丝代替，叻沙汤头和鸡肉也很搭！

步骤

1. 米线用冷开水泡10~15分钟至软。

2. 将食材洗净备用，蛤蜊吐沙，鲜虾剪须去肠泥。

3. 用少许油热锅后，放入叻沙酱略炒香。

4. 倒入水和椰浆煮开，并不时搅拌避免酱料粘锅。

5. 煮开后，放入鱼丸和油豆腐，略煮约5分钟至熟，并入味。

6. 放入米线煮至熟软后，再放入蛤蜊、虾和菜类略煮，熄火，加少许鱼露和柠檬汁及辣椒片提味，放叻沙叶或罗勒增添香气。

用新鲜百里香、柠檬和橄榄油略腌后的蒜味鲜虾,随意拌炒,只需 5 分钟即可上菜,是道很简单的柠檬虾料理。柠檬清爽的酸味带出鲜虾的甘鲜,再加上百里香的独特香气,让这道虾料理格外地爽口,好吃极了!

百里香柠檬虾

锅具：Le Creuset 18 厘米炖饭锅

材料

鲜虾 …… 8~10 只

腌料

橄榄油 …… 1.5 大匙
鱼露 …… 1 大匙
柠檬汁 …… 2 大匙
盐 …… 少许
黑胡椒 …… 少许
蒜末 …… 适量
辣椒片 …… 适量
百里香 …… 适量

Tips

1. 若无新鲜百里香，也可用干燥百里香代替，只是香气会稍淡。
2. 重口味者可将虾开背，会更入味。
3. 嗜酸者可以在完成时，再淋点鲜柠檬汁提味。

步骤

1. 将虾洗净，若有黏液可以少许淀粉加入水中略微搓洗，则能轻松去除脏污的黏液。洗净后去肠泥，可依个人喜好选择是否要开背。

2. 将腌料搅拌均匀。

3. 以腌料略腌虾5分钟。

4. 先将腌料中的少许油放入锅中热锅，再将腌料中的蒜末和辣椒片下锅爆香，最后放入虾一同拌炒至熟即可，摆上百里香装饰即可。

Chapter 5

妈 妈 的 家 常 味

一直以来总是喜欢用米酒炖卤猪肉,
因为可以让猪肉久卤也不柴,且肉质软嫩,
某天做"食"验,以市售的蜂蜜啤酒来卤瘦中带肥的梅花肉,
味道出乎意料的好!
像是清爽版的家常卤肉,少了油腻感及对身体的负担,
是道非常适合夏天没食欲时享用的下饭菜。

蜂蜜啤酒卤梅花肉

锅具：Le Creuset 22 厘米圆锅

材料

梅花肉 …… 3 大块
（约 600 克）
姜 …… 4~5 片
葱 …… 2 根切段
蒜苗 …… 半根切斜片
干辣椒 …… 3 根
八角 …… 2 个
月桂叶 …… 2 片

蜂蜜啤酒 …… 2 罐
（660 毫升）
酱油 …… 3 大匙
胡萝卜、白萝块 …… 适量切块
冰糖 …… 2 大匙
盐 …… 适量

Tips

1. 卤肉用的酱油最好选纯酿造的，风味更佳。
2. 蜂蜜啤酒请勿以一般纯啤酒代替，卤出来会带苦味。
3. 炒糖色步骤，建议还是用冰糖，比砂糖色泽油亮又不甜腻。

步骤

1. 梅花肉切块，锅内倒少许油，将肉块分批放入锅底，煎至两面焦黄后，拨到旁边，用余油爆香葱姜和干辣椒。
2. 拨出中间空位倒入冰糖，以小火融化成焦糖色后，再翻炒肉块使其沾上焦糖，呈油亮状。
3. 沿着锅边放入两大匙酱油呛香，拌炒一下，让肉块都裹上酱汁。

4. 倒入两罐不冰的蜂蜜啤酒，待煮开让酒精挥发一些，放入胡萝卜块、白萝卜块、八角和月桂叶，盖上锅盖，转小火炖煮约40分钟，关火焖半小时，会更入味。
5. 挑出八角、月桂叶和姜片、葱段，试试卤汁味道，可适量加盐和冰糖调味，再加入蒜苗片提香。

想要做出香气四溢的红烧牛肉面,汤头是关键!
以番茄为基底,加上红烧牛肉的浓郁,
所熬煮的汤头鲜甜甘美,
若再加上辣豆瓣酱的咸香微辣,相当开胃!

番茄红烧牛肉面

锅具：Le Creuset 24 厘米圆锅

材料

- 牛肋条 …… 6 条
- 洋葱 …… 1 个切小块
- 胡萝卜 …… 1 根切块
- 番茄 …… 4 个切块
- 西芹 …… 2 根
- 葱 …… 3 根切段／1 根切末
- 老姜 …… 5 片
- 八角 …… 2 颗
- 面条 …… 1 包
- 青菜 …… 适量

调味料

- 辣豆瓣酱 …… 2 大匙
- 酱油 …… 5 大匙
- 酱油膏 …… 2 大匙
- 番茄酱 …… 1~2 大匙
- 米酒 …… 3 大匙
- 冰糖 …… 1 大匙

Tips

牛肋条也可以用牛腱代替，但炖煮时间较长，约2小时。

步骤

1. 牛肋条洗净后放入冷水中，并加入部分葱段、姜片和米酒，开大火至煮沸，氽烫后滤掉血水，再洗净，切块备用。

2. 起锅热油，爆香八角、葱段和姜片，放入洋葱块、胡萝卜块炒软后，再放入牛肉块一起拌炒。

3. 加入番茄块略炒后，即可依次慢慢加入调味料（辣豆瓣酱、酱油、酱油膏、番茄酱、冰糖）。

4. 将酱料炒出香气来，最后用米酒呛香，等酒精挥发后，尝尝调味料的浓度是否合适，可自行增减酱料。

5. 盖锅盖，先不加水，转小火焖煮30分钟，会自然微微出水，食材会吸入酱汁与蔬菜汤汁调和的味道。

6. 加滚热的开水或高汤，放入2根西芹，小火炖煮1小时，关火再焖半小时，可事先煮好，上桌前再加热会更入味。食用前将八角、葱段、姜片、西芹捞出。在炖煮牛肉时，即可开始煮面，并利用煮面水烫好青菜，盛入碗中，撒上葱花，这样就完成香喷喷好吃的番茄牛肉面喽！

用铸铁锅一锅到底,又炒料又蒸煮糯米,所需要的时间远比传统做法短,真的不得不赞叹铸铁锅煮饭的功力是一流的!只要和铸铁锅培养好默契,控制好火候,也能轻松煮出松软又粒粒分明的油饭。

樱花虾油饭

锅具：Le Creuset 20 厘米圆锅

材料

- 长糯米 …… 2 杯
- 干香菇 …… 1 小碗
- 樱花虾 …… 1 小碗
- 香油 …… 3 大匙
- 白胡椒粉 …… 适量
- 红葱头 …… 2~3 瓣切片
- 大蒜 …… 5~6 瓣切末
- 猪肉丝 …… 200 克
- 芋头 …… 1/4 个切丁（可省略）
- 香菜 …… 适量

调味酱料

- 酱油 …… 2 大匙
- 蚝油或酱油膏 …… 2 大匙
- 米酒 …… 1 大匙
- 香菇水 …… 3 大匙

Tips

1. 建议小火煮饭的5分钟可使用节能板来减弱火力，避免火力过旺而焦底产生锅巴。
2. 糯米和水的比例为1∶0.7，2杯糯米需要1.4杯水量。
3. 糯米和调味料酱油及蚝油的比例是1∶1∶1，1杯米需酱油和蚝油各1大匙，而米酒和香菇水可依喜好斟酌增减。
4. 白胡椒粉可放多点，会炒出很棒的香气！
5. 处理芋头时，削皮和切丁最好戴手套，免得碰触皮肤容易发痒不舒服。

步骤

1. 糯米和干香菇洗净皆泡水1小时，沥干糯米，香菇取出切丝，香菇水滤掉杂质加入调味酱料中。

2. 糯米和水比例为1∶0.7，所以2杯糯米需要1.4杯水，将调味酱料先放入量米杯中，再加水补足到1.4杯的水量，放入碗中备用。

3. 热锅，放少许油爆香樱花虾后，取出备用。

4. 原锅加入3大匙香油，小火慢慢煸香红葱头，至葱油酥状，再下蒜末爆香。

5. 加入适量的白胡椒粉爆香，再放入猪肉丝，拌炒至九分熟。

6. 放入香菇丝和芋头丁拌炒至略带金黄色，再加入米拌炒至裹上油后熄火，倒入已含调味酱料的1.4杯汤水，利用余温快速边炒边刮除锅中焦底的精华浸入汤汁。（芋头会吸油，若油不够可以再增加些香油。）

7. 将米粒铺平，锅底垫上节能板，盖锅盖煮开后（锅缘冒出蒸气），开始计时，转最小火煮约5分钟，熄火不开盖焖约5分钟。

8. 米粒焖熟后，开盖以饭勺拨松，加入已爆香的樱花虾搅拌均匀即可食用。若喜欢米粒干松点，可等热气水分蒸发掉后再吃。

酸甜开胃的糖醋酱汁搭配炸得酥香的鲷鱼片,是道大人小孩都喜欢的经典下饭菜。

糖醋鱼片

锅具：Le Creuset 22 厘米浅底锅

材料

鲷鱼片 …… 1~2 片
洋葱 …… 半个切块
红黄椒 …… 各半个去籽切块
姜末和蒜末 …… 均适量
番茄酱 …… 2 大匙
酱油 …… 1 小匙

鱼片腌料

全蛋液 …… 半个
盐 …… 1 小匙
米酒 …… 1 大匙
地瓜粉 …… 1 大匙
玉米粉 …… 1 大匙

糖醋酱汁（搅拌均匀备用）

糖 …… 2 大匙
白醋 …… 2 大匙
水 …… 4 大匙
地瓜粉 …… 1 小匙

Tips

鲷鱼片上的红肉组织是腥味来源，处理鱼片时要记得切除。

步骤

1. 鲷鱼片去除红肉组织，顺纹切片，备用。

2. 将全蛋液、盐、米酒和少许地瓜粉、玉米粉搅拌均匀，放入鲷鱼片抓腌。

3. 油锅热至160~170℃，将腌渍过的鱼片裹上一层地瓜粉，待略微反潮后，放入油锅中炸酥后取出。

4. 放入洋葱、红黄椒过油后，一起捞起滤油备用。

5. 起锅热油，先将番茄酱和姜末、蒜末一起炒香。

6. 倒入预调的糖醋酱汁煮开，再加少许酱油调味。

7. 接着放入鱼片，让两面均匀蘸上酱汁，再放入红黄椒和洋葱拌炒均匀即可。

细筋满布呈现花状纹路的牛腱子肉,含有丰富胶质,半筋半肉的口感让人着迷,想偷懒时,我总喜欢炖煮这样一大锅萝卜卤牛腱,冷藏后切片淋上卤汁并撒些葱花,就变成美味的凉拌牛腱,配着厚块入味的萝卜,真是销魂啊!也能分装做成冰箱里的冷冻常备菜,一次取一大块牛腱肉解冻切块,热锅炒香辣豆瓣酱,就可以和卤汁加高汤做成一锅红烧牛肉面,或是切薄片配上葱抓饼做成牛肉卷饼,也是营养的点心。

萝卜卤牛腱

锅具：Staub 28 厘米蜂巢锅

材料

牛腱子肉 …… 4 大块
肉桂皮 …… 1 根
八角 …… 2 颗
老姜片 …… 8~10 片
葱 …… 3 根切段

绍兴酒 …… 60 毫升
酱油 …… 60 毫升
冰糖 …… 2 大匙
白萝卜 …… 1 根切厚块
香油 …… 3 大匙

Tips

1. 酱油和绍兴酒的量会依使用锅具盛装的水量而增减，所以请慢慢添加，并观察卤汁颜色，调整至像普洱茶的色泽即可，不用到酱色，以免卤味过咸，而重口味的可以适量添加一点盐。
2. 牛腱子肉炖煮时间请依所用锅具调整，铸铁锅导热效能好，所以省时、省火力，小火炖煮约2小时即可。

步骤

1. 锅里加3大匙香油，爆香姜片、葱段、肉桂皮和八角，下冰糖，并以小火使其融化成焦糖色。

2. 加入适量的水煮开。

3. 加入酱油和绍兴酒，不要一次全倒完，慢慢加，并观察卤汁颜色，至茶色般即可。

4. 放入牛腱子肉和白萝卜块，先煮开后，盖锅，转小火，炖煮约2小时。

5. 炖煮到牛腱子肉可轻松用筷子穿透即可。

芝麻油料理在冬日里吃来暖胃又暖心,麻油虾是道很容易料理的芝麻油系列菜色,也非常适合作为年菜或宴客菜。

枸杞芝麻油虾

锅具：Le Creuset 22 厘米妈咪锅

材料

白虾 …… 1 斤
黑芝麻油 …… 2 大匙
香油 …… 1 小匙
老姜 …… 约 10 片
枸杞 …… 1 大匙
红枣 …… 5~8 颗
米酒 …… 250~300 毫升

Tips

1. 黑芝麻油不耐高温，故容易变苦，所以先干煸姜片，再放黑芝麻油，并混些香油，可以避免黑芝麻油久煮变苦，姜片切得越薄越好，会加快煸出姜香味。

2. 因为这道料理已有虾的鲜味和枸杞、红枣的甘甜，所以不需再做调味，芝麻油料理加盐也容易有苦味。建议另外用酱料碟盛装胡椒盐，做蘸取使用。

步骤

1. 洗净虾，并剪须去肠泥，老姜去皮切薄片，枸杞和红枣洗净后，用少许米酒浸泡，备用。

2. 不放油，先以中小火干锅将老姜片两面水分煸干，至边缘呈卷曲状（2~3分钟）。

3. 转小火倒进黑芝麻油和香油，将姜片煸出姜香味。

4. 倒入米酒、枸杞和红枣，不盖锅，转大火煮沸，让酒精略微蒸发。

5. 再放入虾，盖锅焖煮2~3分钟，至虾壳变红色及虾身弯曲，即可盛盘。

台菜经典的下饭菜一定少不了这道,
要如何把牡蛎处理得没腥味,又要煮得不缩水,
让鲜牡蛎肥美又入味,是需要一点诀窍的,
还有嫩豆腐一定要烧足时间,
才能有绝佳风味。

豆豉鲜牡蛎嫩豆腐

锅具：Le Creuset 23 厘米平底圆煎锅

材料

牡蛎 …… 300 克
嫩豆腐 …… 1 盒
葱 …… 3 根切段
辣椒 …… 1 根切片
大蒜 …… 3 瓣切末
姜末 …… 适量

白萝卜泥 …… 适量
黑豆豉酱 …… 2~3 大匙
酱油 …… 1 大匙
糖 …… 1 小匙

Tips

出于健康考虑，所以省略以淀粉勾芡收汁。豆豉鲜牡蛎的酱汁淋上白饭，真的超美味，一定要试试！

步骤

1. 处理牡蛎的诀窍，就是用白萝卜泥去腥。清洗时，先用些萝卜泥和着牡蛎泡些水轻轻拨弄后，再以慢速流动的水清洗，会发现变得白净，一些污浊黏液也可轻松去除！

2. 将牡蛎和剩余的萝卜泥放入冷水锅一起煮，煮至开始要微冒烟，约八十几度、牡蛎微缩时，随即关火，捞起牡蛎沥干水分备用。

3. 起油锅，爆香辣椒片、姜末、蒜末和一半分量的葱段。

4. 先炒香豆豉酱后，再加1大匙酱油和1小匙糖。

5. 等酱油香气出来后，加入适量的水，再将已切块的嫩豆腐倒入锅中，转中小火，慢慢煨煮约5分钟，并不时以汤匙舀些酱汁倒在豆腐上，使其入味。

6. 倒入已汆烫过的半熟牡蛎，轻轻搅拌均匀，使其裹上酱汁，再煨煮约1分钟，撒些葱末和剩下的葱段，即可离火盛盘。

秋天吃三杯鸡，可以加栗子一起煮，可补肾益气。再者，可改用去骨鸡腿肉做三杯鸡，咬起来不需吐骨头，口口都满足！

三杯栗子烧鸡

锅具：Staub 24 厘米南瓜锅

材料

去骨鸡腿肉 …… 2 只切块
姜 …… 10 片
大蒜 …… 10 瓣
干辣椒 …… 1 根切片
杏鲍菇 …… 1 盒切块
蒸熟的栗子 …… 10 颗
罗勒 …… 数把约半包
黑芝麻油 …… 2 大匙
冰糖 …… 1 大匙
酱油 …… 3 大匙
米酒 …… 5 大匙

Tips

1. 若改用带骨鸡腿肉，则要先汆烫再下锅炒。
2. 因为芝麻油不耐高温，务必转小火煸香姜片。姜片切得越薄，越能快速将其水分煸干。

步骤

1. 切小块鸡皮润锅，待锅已热后，鸡皮朝下，分批将鸡肉的皮煎至金黄后，取出备用。将锅中过多的鸡油倒掉。

2. 留一点鸡油混合黑芝麻油，以小火煸香姜片至卷曲状，再爆香干辣椒与蒜瓣。

3. 放入鸡肉与杏鲍菇、栗子一起拌炒，至菇香味飘出，再拨开中间倒入冰糖，以小火融化成焦糖色，拌炒鸡肉使其油亮上色。

4. 沿着锅边一圈，倒入3大匙酱油和3大匙米酒，转中火煮开酱汁。

5. 改以中小火，边拌炒边收汁。起锅前，再沿锅边一圈，倒入最后的2大匙米酒呛香。熄火后，放入已洗净的罗勒叶片，用余温快速拌炒提香即可。

用可乐卤的猪脚，一点冰糖都不必放，也无须炒糖上色，卤出来的色泽真的像琥珀般晶亮！可乐中的碳酸还让猪脚软嫩有弹性又好吃。

可乐卤猪脚

锅具：Le Creuset 22 厘米妈咪锅

材料

猪脚 …… 600 克切圈
葱 …… 3 根切段
姜 …… 5 片
大蒜 …… 5 瓣
干辣椒 …… 1 根
八角 …… 1 颗
酱油 …… 3 大匙
米酒 …… 3 大匙
绍兴酒 …… 1 大匙
可乐 …… 350 毫升
水 …… 200 毫升

Tips

1. 由于可乐是碳酸饮料，炖煮过程中特别容易噗锅，所以最好选用大一点的锅来炖煮。若锅锁水力不佳，烹煮过程中蒸发太多水分时，请酌量再增加可乐和水，确保水量淹过食材，才不易焦底。
2. 炖煮时间可依喜欢的猪脚口感做调整，喜欢软烂的猪皮可延长熬煮时间。

步骤

1. 猪脚汆烫约5分钟，让血水和骨髓里的杂质浮出。

2. 将汆烫过的猪脚洗净后泡冰水，让猪皮更有弹性。

3. 以少许油热锅爆香葱姜蒜、八角和辣椒。

4. 加入猪脚和酱油、米酒一起翻炒后，再倒入可乐和水煮开，盖锅转小火炖煮约2小时，建议熄火后再焖约1小时，使其更入味。

5. 起锅前再转中大火煮开，倒入绍兴酒待酒精挥发即可。

在家也能轻松烤出黯然销魂的叉烧肉,是道非常适合装入便当的下饭菜呢!

蜜汁叉烧

锅具：Le Creuset 24 厘米 条纹煎烤盘

材料

猪梅花肉 …… 2 大块
（厚度约 1.5 厘米）
蜂蜜 …… 适量

腌料酱汁

蜜汁叉烧烤肉酱 …… 5 大匙
蚝油/海鲜酱 …… 2 大匙
蜂蜜 …… 1 大匙
米酒 …… 3 大匙
大蒜 …… 5 瓣切片

Tips

1. 总烤程约为 190℃烤 30 分钟，依各家烤箱特性不同，可略微增减烘烤时间。
2. 重口味者，腌料部分可再添加葱段和洋葱丝。
3. 蜜汁叉烧烤肉酱在一般超市卖场都有贩售。另外，若想要色泽更显红，可在腌料里加些天然红曲粉来增色。
4. 肉块不宜过厚，否则不易入味。

步骤

1. 梅花肉切约1.5厘米的厚度，以叉子略戳些小孔，腌料搅拌均匀后，和梅花肉一起放入保鲜袋中密封冷藏1天以上，不时搓揉袋子，使肉均匀裹上腌料酱汁才能入味。

2. 取出猪肉待回复室温后，放入烤盘，进已预热至190℃的烤箱，烤15分钟，取出翻面，并刷上腌料酱汁，再进烤箱继续烤10分钟。

3. 取出，在两面皆刷上蜂蜜，再烤5分钟即可。

传统古法用刀切成丁状的肉臊子,
口感会比用肉馅更好,肥瘦比例也最好是各半,
这样卤出来的肉臊子滑顺又不腻口,
无论是拌饭、拌面或带便当都很合适,
是家常的必备菜。

传统古早味卤肉臊子

锅具：Vermicular 18 厘米圆锅

材料

带皮猪五花肉 …… 300 克
猪梅花肉丝 …… 300 克
蒜末 …… 1/2 量米杯
红葱头末 …… 1/2 量米杯
酱油 …… 3 大匙
冰糖 …… 1 大匙
米酒或绍兴酒 …… 2 大匙
五香粉 …… 1/4 小匙
胡椒粉 …… 1/4 小匙
八角 …… 1 颗

Tips

1. 做油葱酥和蒜酥一定要有耐心，用小火慢慢以适量的油来煸炸，若用中大火很快就会焦掉而产生苦味。

2. 若喜欢肉臊子口感更软烂，可再延长炖卤的时间至 2~3 小时，其中要不时注意水分，不够时需增添热水，并调整味道浓淡。
3. 若想要速成一锅有浓稠汤汁的卤肉臊子，可在炖卤时加 1 小匙花生酱。
4. 喜欢胶质更丰富的卤汁，可另外添加猪皮一起炖卤。
5. 可加适量的香菇丁就能变化成香菇肉臊子。

步骤

1. 冷锅冷油，放入蒜末和红葱头末，以小火慢慢煸香炸成金黄色的蒜酥和油葱酥。

2. 将锅里的蒜酥和油葱酥连同油一起倒出，以滤网滤出油后，以筷子拨松使其散热，会更加干爽酥脆。

3. 整块带皮五花肉汆烫后再和梅花肉丝一块用刀切成丁状，以锅内少许的余油先煸炒五花肉丁，再放入梅花肉丁一起拌炒。

4. 放入冰糖待融化成焦糖液后，略炒糖上色，放入酱油和酒呛香，再加少许五香粉和胡椒粉拌炒入味后，倒入适量的水淹过肉丁，放入 1 颗八角、一半的蒜酥和油葱酥煮开后，盖锅转小火慢炖 60~90 分钟，水煮蛋或豆干等可在最后 20 分钟放入一起卤，最后完成时，再将剩余的蒜酥及油葱酥倒入搅拌均匀即可。

酸菜鸭是道台湾传统热汤,常见于老街、庙口等地的小吃店,鸭肉加入姜片、咸菜一起烹煮,既喝得到鲜美的汤头,也能吃到美味鸭肉。

酸菜鸭肉汤

锅具：Staub 26 厘米圆锅

材料

鸭肉 …… 半只
酸菜 …… 半颗
姜 …… 8 片
米酒 …… 2 大匙

Tips

1. 各家腌制的酸菜咸度不同，最好先泡水 1 小时，去除多余的盐分。
2. 汤头若太咸可再多加水稀释，反之可再加少许盐调味。
3. 嗜酸者可在起锅前加 1 小匙白醋提味。

步骤

1. 鸭肉汆烫约5分钟，去血水与杂质，捞出冲洗干净备用。

2. 酸菜剥片泡水约1小时后清洗干净，将酸菜去除多余的盐分后切丝，取一锅水煮开后，放入酸菜、姜片和鸭肉一起炖煮约50分钟。

3. 加入少许米酒，煮开后转小火再煮10分钟，待酒精挥发后即可。通常酸菜咸度已够，不需再加盐调味。

炒过冰糖上色的五花肉,再用绍兴酒和纯酿酱油小火慢炖,
是既有弹性又富酒香的家常卤肉,
加上入味的胡萝卜、白萝卜,可以让人食指大动,
米饭多吃好几碗呢!红烧的肉块切片后,搭配蒜苗,
也可变成一碟可口的小菜呦!

绍兴冰糖红烧肉

锅具：Le Creuset 22 厘米妈咪锅

材料

- 五花肉 …… 700 克
- 大蒜 …… 5 瓣
- 姜 …… 4 片
- 葱 …… 2 根
- 蒜苗 …… 1 根切斜片
- 干辣椒 …… 2~4 根
- 八角 …… 2 个
- 冰糖 …… 2.5 大匙（打碎成细糖粉）
- 冷开水 …… 2.5 大匙
- 绍兴酒 …… 600 毫升
- 酱油 …… 2 大匙
- 胡萝卜 …… 半根切块
- 白萝卜 …… 半根切块

Tips

1. 若要节省成本，也可改成酒水各半。
2. 若无绍兴酒，也可以用米酒代替，只是风味和香气会略有差别。

步骤

1. 将五花肉洗净后，冷水下锅，煮开后开始计时，5分钟后熄火，捞出肉块洗净，切成想要的大小。

2. 不加油，热锅干煎五花肉块，逼出猪肉本身的油脂，将肉煎至两面金黄。

3. 再让所有肉块的皮面朝下，利用猪油煎炸皮层，煎炸过的猪皮卤过后，比较有弹性！

4. 取出肉块，利用锅中的猪油来爆香葱、姜、蒜、部分蒜苗和辣椒，闻到香气后，即可取出这些辛香料备用。

5. 先关火，在锅内放入2.5大匙水和2.5大匙冰糖粉，以小火慢慢煮至糖溶化，煮糖过程中不搅拌，以免焦糖返砂结晶，用晃动锅转圈的方式即可。

6. 煮至成焦糖色时，即可放入肉块拌炒上色。冰糖上色的色泽较砂糖更漂亮！

7. 放入之前爆香的辛香料拌炒后，加入绍兴酒和酱油，酒量以淹过食材为准，放入干辣椒，转大火将卤汁煮开，待酒精挥发后再转小火，加盖慢炖约30分钟至肉软嫩。

8. 再加入胡萝卜块、白萝卜块，继续炖30分钟至萝卜熟软，试卤汁味道后，依喜好自行增添盐或冰糖调味。熄火后焖1小时会使其更入味。撒上蒜苗斜切片装饰，并可增添香气。

备料五分钟搞定,进烤箱烤只要十五分钟,二十分钟上菜的这道芦笋培根卷配色好看又好吃!

芦笋培根卷

锅具：Le Creuset 20 厘米椭圆铸铁烤盘

材料

培根肉片 …… 5 片
芦笋 …… 1 束
盐和黑胡椒 …… 适量
白芝麻 …… 适量

Tips

1. 芦笋汆烫又冰镇过再烘烤，不易皱皮和干涩。
2. 培根本身已有咸味，不用再做调味，只需出炉后再撒些黑胡椒和芝麻提香。

步骤

1. 培根肉片取出时，动作尽量轻柔，让肉片保持完整的形状不要断掉，芦笋切掉尾部较干涩部位，然后切段。

2. 锅中放水煮开，加入少许盐，将芦笋放入汆烫1分钟，取出过冰水或过两次冷水后，沥干放凉备用。

3. 用培根肉片将适量的芦笋段以卷的方式包覆，收口朝下放入烤盘。若是用锅煎的方式，则建议用牙签固定收口再煎，才不易散开。烤箱预热至200℃，转180℃烤15分钟，出炉后撒些黑胡椒和白芝麻增添香气即可。

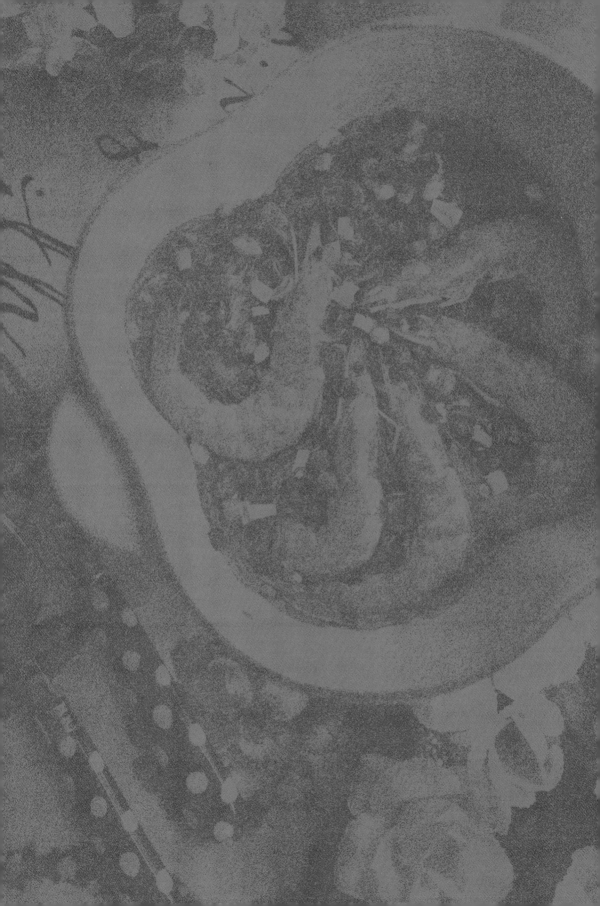

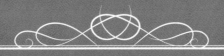

Chapter 6

宴客经典年菜

喜宴上常见的宴客大菜"红蟹米糕",在家也能轻松做出来,只要掌握住蒸蟹的熟度到刚刚好,蟹黄就不至于太干,尤其是秋季螃蟹的蟹膏、蟹黄,更是让人垂涎欲滴!

红蟹米糕

锅具：Staub 25 厘米番茄锅 & 37 厘米中华炒锅

材料

- 中型红蟹 …… 2 只
- 香油 …… 3 大匙
- 白胡椒粉 …… 适量
- 猪肉丝 …… 200 克
- 虾米 …… 1 小把
- 干香菇 …… 1 小把
- 红葱酥 …… 1/2 杯
- 长糯米 …… 2 杯
- 米酒 …… 1 大匙
- 姜片 …… 5 片

调味酱料
- 酱油 …… 2 大匙
- 蚝油或酱油膏 …… 2 大匙
- 米酒 …… 1 大匙
- 香菇水 …… 3 大匙

Tips

1. 从十一月初到十二月底，都是红蟹盛产的季节，挑选时要观察其活动力及四肢是否健全，按腹部、掐蟹脚若感到坚硬厚实，则是较肥美的螃蟹。
2. 蒸煮红蟹的时间，请依其大小和重量来斟酌时间。
3. 糯米和水的比例为 1：0.7，2 杯糯米则需 1.4 杯汤水量，若是配料太多导致煮米的高汤量不足，可视情况略微增加比例至 1：0.8。
4. 建议小火煮饭的 5 分钟使用节能板来减弱火力，避免火力过旺而焦底产生锅巴。

步骤

1 糯米和干香菇及虾米洗净皆泡水 1 小时后，沥干糯米和虾米，香菇取出切丝，香菇水滤掉杂质加入调味酱料中。糯米和水比例为 1：0.7，所以 2 杯糯米需要 1.4 杯水。将已加了香菇水的调味酱料先放入量米杯中，再加水补足到 1.4 杯的汤水量，放入碗中备用。

处理螃蟹

a. 让红蟹泡冰水或放冷冻约 5 分钟，至呈现头昏假死状态。
b. 将红蟹身上的脏污用刷子洗干净。
c. 剪下螃蟹的两支前螯，并用刀略微拍打使其微裂。
d. 用手将螃蟹嘴巴剥开丢弃，再将外壳剥开，除去蟹鳃、心脏和胃囊等内脏部位。
e. 蟹脚过尖和蟹壳边缘多余部分也可剪除，防止食用时被割伤。

4 将蟹身切成 4 等份和蟹壳及螯一起排置盘内，加入姜片和米酒 1 大匙，放入水已滚沸的蒸锅中，以中大火蒸 10~15 分钟，至蟹壳都变成橘红色。

5 另起一锅下香油烧热，炒香肉丝、香菇、虾米、红葱酥后，加入白胡椒粉和糯米一起炒匀后，再倒入已含调味料和香菇水的 1.4 杯高汤。

6 将米粒铺平，盖锅煮开后（锅缘冒出蒸气），开始计时，转最小火煮约 5 分钟，熄火不开盖焖约 5 分钟，让米粒被焖熟后再开盖，以饭勺拨松，使热气略微蒸发。

7 再将已蒸好的红蟹摆上即可享用。

这道食谱灵感来自苹果花爱铸铁锅社团锅友分享的啤酒鸭，
而我又加了葱、姜、蒜和辣椒等辛香料爆香，
改用冰糖取代原本的红糖，放了卤包增加药材的香气，
用啤酒卤制的冰糖酱鸭，肉质软嫩又香醇入味，做法也非常简单，
几乎是一次就能上手，零厨艺的简易宴客菜，
在此也再度感谢锅友们的热情分享。

啤 酒 冰 糖 酱 鸭

锅具:Staub 31 厘米椭圆公鸡锅

材料

- 鸭肉 …… 半只
- 葱 …… 3根切段
- 姜片 …… 6片
- 大蒜 …… 3瓣切片
- 干辣椒 …… 1根
- 卤包 …… 1包
- 冰糖 …… 5大匙
- 酱油 …… 5大匙
- 啤酒 …… 1瓶（600毫升）

Tips

1. 鸭肉要先清洗并检查鸭皮上是否有残余未拔的羽毛根部,可用眉夹之类的来拔毛,清理干净后再下锅卤制。
2. 炖煮时间请依鸭的大小来稍作增减。
3. 同样的做法可以卤制全鸭或全鸡,鸡腿、鸡翅和豆干及海带等的卤味也合适。
4. 卤包含有多种药材香料风味,常见内容物有八角、肉桂,若无卤包,也可以用家中现成的八角和肉桂棒来代替,各放一个即可。

步骤

1. 放少许油热锅后爆香葱、姜、蒜。

2. 倒入酱油煮开后,下冰糖待溶化后,再放入一根干辣椒增添香气。

3. 加入啤酒和卤包煮开。

4. 煮开后放入鸭肉,转小火盖锅焖煮约60分钟,中间每隔10分钟将鸭肉翻面,或是用汤勺舀汁淋上未浸到酱汁的部位,熄火焖约30分钟,取出卤包,并开盖转中火,煮开收汁至浓稠状即可。

5. 剁下鸭腿和鸭翅,前胸肉切片状,其余较难剔除的肉可用手撕,盛盘后淋上卤汁即可享用。

利用橙柠焦糖液让炸得酥香的排骨裹上油亮的外衣，撒上橙皮屑后，飘出阵阵果香，光看就让人食指大动！咬下去那微酸微甜的滋味，真是非常开胃呢！

橙汁排骨

锅具：Le Creuset 22 厘米妈咪锅 & 20 厘米平底圆煎锅

材料

猪小排 …… 400 克
橙皮屑 …… 适量

酱汁
| 细砂糖 …… 1.5 大匙
| 柳橙 …… 1 个榨汁
| 柠檬 …… 半个榨汁

腌料
| 全蛋液 …… 半个蛋
| 柳橙 …… 半个榨汁
| 米酒 …… 1 大匙
| 盐和糖 …… 各 1 茶匙
| 淀粉 …… 1/2 大匙
| 玉米粉 …… 1/2 大匙

Tips

1. 煮焦糖液时，可以加少许水（一点点即可），转小火并晃动锅，使细砂糖慢慢溶化成金黄琥珀色的焦糖液，不要煮到变深咖啡色，否则会变苦。倒入橙柠汁时要特别小心，别被滚烫溅出的焦糖液给烫到了！
2. 最后排骨在橙柠焦糖液中翻拌时，只要表面油亮上色即可，勿在锅中加热太久，否则会让排骨肉质老化。
3. 以刨刀刨橙皮屑时要特别注意，只要刨到黄色部分，勿刨到白色皮囊部分，因为其带苦味！
4. 若非柳橙产季时，也可以用一般罐装柳橙汁代替，但煮焦糖液的糖量就得略减少一些。

步骤

1 排骨洗净冲掉血水，以腌料抓腌揉搓后，略腌20分钟。

2 起油锅至约150℃（斜插筷子有少许泡泡），放入排骨炸至约8分熟、两面淡金黄色后，取出放凉备用，油锅转小火保温。

3 另起一锅，放入适量油热锅后转小火，倒入细砂糖待溶化成琥珀色的焦糖液。

4 将橙汁和柠檬汁搅拌均匀后再倒入，和焦糖液混拌均匀（倒入时离锅稍远些，以免被滚烫的焦糖液喷溅到）。

5 煮焦糖液的同时可将油锅转中火提高温度，将先前炸过的排骨再放入略高温度的油锅（约170℃），炸到酥香上色后起锅。

6 在橙柠焦糖液中放入已炸至上色的排骨，快速翻拌裹上糖浆至油亮并收汁后，再撒上橙皮屑翻炒，即可熄火盛盘。

使用煎过虾的虾油爆香葱姜蒜等辛香料,
简单以蚝油和酱油调味,
就能成就一锅香气四溢的鲜虾粉丝煲。
吸饱了甘甜鲜虾汤汁的粉丝,
和虾一样诱人!

鲜虾粉丝煲

锅具：Le Creuset 18 厘米甜椒锅

材料

鲜虾 …… 5 只
（分量可增加）
葱 …… 2 根切段
葱花 …… 1 根切末
姜末 …… 适量
蒜末 …… 6~8 瓣切末
粉丝 …… 2 把（以温水泡15 分钟至软后切段）

调味料

蚝油 …… 2 大匙
酱油 …… 2 大匙
米酒 …… 2 大匙
白胡椒粉 …… 少许
水 …… 450 毫升

Tips

1. 煮好要趁热食用，粉丝吸水力又快又强，汤汁很快就会干掉。
2. 虾开背会较快煮熟并入味。
3. 粉丝分量若增加或减少，调味料和水量也要随之调整。

步骤

1. 虾洗净剪须后，开背去肠泥，以1大匙油热锅后放入虾，两面略煎各1分钟后，取出备用。

2. 用原锅以虾油爆香葱姜蒜等辛香料，喜欢吃辣还可加些辣椒段。

3. 依次加入蚝油、酱油，炒出酱香气后，再加入1大匙米酒呛香。

4. 倒入水或高汤约450毫升，煮开后尝味，加入已泡软并沥干的粉丝，再加入少许白胡椒粉，略煮至粉丝熟软入味。

5. 再放入虾一起煮1~2分钟，最后加入1大匙米酒呛香煮开后，撒上葱花即可。

家常红烧鱼是小时候餐桌上,
妈妈和外婆经常端出来的拿手菜,
鱼肉烧得入味鲜嫩,
充满蒜香及鲜鱼甘甜的酱汁,总是让人忍不住多扒一碗饭!

蒜香红烧鱼

锅具：Le Creuset 30 厘米浅底锅

材料

尼罗红鱼 / 吴郭鱼 …… 1 条
大蒜 …… 70 克
蒜苗 …… 1 根
辣椒 …… 1 根切段
盐 …… 1 小匙
米酒 …… 1 大匙

调味料

酱油 …… 1 大匙
乌醋 …… 1/2 大匙
米酒 …… 1 大匙
糖 …… 1/2 小匙
香油 …… 2 大匙
胡椒粉 …… 少许

Tips

鱼下锅前，一定要再用纸巾拭干鱼身，只要鱼身够干燥及锅里的油温够热，即使鱼身不沾粉也能不粘锅底。但新手若对使用铸铁锅的火候掌控不太熟悉，还是可以让鱼身沾些淀粉，这样鱼皮不易粘锅。

步骤

1 蒜苗切斜片，辣椒切段，备用。将鱼洗净，并将鱼身和鱼肚内都用纸巾拭干，米酒倒入鱼肚内，表面斜切两三刀后，抹盐略腌至鱼身干燥。

2 冷锅冷油热锅至出现油纹表示温度已够，即可将鱼下锅。

3 热锅后，以中小火将鱼慢煎至两面金黄后，再下蒜瓣并加点水焖煮10~12分钟，至飘出蒜香味。

4 放入酱油、糖和部分蒜苗片炒匀后，沿着锅边下米酒和乌醋呛香，再下香油和胡椒粉提味。

5 以汤勺舀锅底酱汁淋上未浸到的鱼身，盖锅焖煮2~3分钟，至鱼全熟并入味，再摆上剩余的蒜苗片和辣椒段即可。

腊肠和乌鱼子都是常见的春节年货,将这两样结合的煲仔饭,以花锅呈现的花瓣状排列,象征花开富贵,让团圆年夜饭吃得更有过节的气氛。

腊味乌鱼子煲仔饭

锅具：Le Creuset 20 厘米山茶花锅

材料

腊肠 …… 3 根
肝肠 …… 2 根
乌鱼子 …… 1 小块
米酒 …… 2~3 大匙
蒜苗 …… 1 根切片
米 …… 2 杯
水 …… 2 杯

拌饭酱汁

酱油 …… 2 大匙
糖 …… 2 小匙
蚝油 …… 1 大匙
热开水 …… 2 大匙

Tips

制作拌饭酱汁，先以热开水溶化糖后，再加入酱油和蚝油搅拌均匀，稍微将酱汁煮开会更好，各家酱油咸度不一，可自行斟酌用量调味。

步骤

1 让腊肠在热开水里快速滑动，洗去表面灰尘和杂质，取出备用。

2 锅底抹少许油，不用多，一点点就够。若不小心抹太多，可以用厨房纸巾稍微拭压吸去多余的油（煮饭时多这个步骤，可以避免锅巴粘底）。

3 倒入洗净的白米和水，浸泡约20分钟。

4 先以中小火盖锅煮至锅缘冒蒸气，表示已煮开时，开盖放入腊肠和肝肠，盖锅转小火，煮5~6分钟，熄火后不开盖再焖10分钟后，开盖取出腊肠和肝肠切片。

5 乌鱼子泡适量的米酒软化薄膜后，撕去薄膜。

6 热锅以小火干煎至两面微微焦黄，即可取出切片。

7 将切片的蒜苗、乌鱼子和腊肠、肝肠以放射状花形排列，食用时再淋上适量的拌饭酱汁。

银耳就是白木耳,号称是平民燕窝,可以帮助女性养颜美容,不仅胶原蛋白丰富,更富含纤维素,是道对身体有益的美肌甜汤

枸杞银耳莲子汤

锅具：Le Creuset 24 厘米炖饭锅

材料

银耳（干燥）…… 30 克
莲子（干燥）…… 15~20 颗
红枣 …… 10 颗
枸杞 …… 1 小把
水 …… 1200 毫升
冰糖 …… 70 克

Tips

1. 干燥莲子可和银耳同时下锅烹煮，但若是新鲜莲子则在银耳炖煮 20 分钟后，再下锅一同继续煮 20 分钟。
2. 冰糖要最后放入，否则莲子不容易煮至软烂。
3. 冰糖用量可依个人喜好斟酌增减。

步骤

1. 银耳请挑未漂白的（颜色略黄没关系），烹煮前先泡水1小时以上，至银耳变软。

2. 洗净后，用剪刀剪去黄蒂头的部分，再用开水汆烫并沥干（汆烫是要去除银耳的腥味）。

3. 挑选较大朵的银耳，以食物调理机或果汁机绞碎，小朵的则用剪刀剪成碎片。

4. 确认干燥莲子都已去芯后，和红枣一起以清水洗净，枸杞也洗净备用。

5. 锅内水煮开后转小火，盖锅先炖煮银耳约10分钟后，加入红枣和莲子，以小火炖煮35分钟，再放入枸杞继续煮5分钟，最后加冰糖待煮至溶化，熄火焖10分钟。

过年时必吃年糕，象征在新的一年能步步高升，
但一般用油炸的吃法，
对身体负担较大也较难消化，
改用烤的方式，
年糕吃起来比较健康，却一样美味噢！

烤红豆年糕

锅具：Le Creuset 18厘米×13厘米陶瓷烤盘

材料

鸡蛋 …… 1个
色拉油或植物油 …… 30毫升
细砂红糖 …… 30克
炼乳 …… 1小匙
鲜奶 …… 130毫升
糯米粉 …… 125克
蜜红豆 …… 150克
做法详见第189页
白芝麻 …… 适量

Tips

1. 若喜欢年糕红豆味浓些，可将部分鲜奶的量以红豆汤汁代替。
2. 非常推荐将烤红豆年糕切成骰子状。趁热吃时，外面的酥皮特别香，而内馅吃起来像麻糬，好吃又有弹性，不甜不腻！

步骤

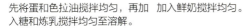

1. 先将蛋和色拉油搅拌均匀，再加入糖和炼乳搅拌均匀至溶解。
2. 加入鲜奶搅拌均匀。
3. 分次倒入糯米粉，慢慢搅拌均匀至无粉状的米糊状。

4. 加入蜜红豆，并用硅胶刮刀搅拌均匀（这里要轻轻拌，才能保持红豆的完整颗粒状）。
5. 倒入已铺好烘焙纸的烤盘，也可不用烘焙纸，在烤盘里抹油以方便脱模，撒上些白芝麻。
6. 放进已预热至180℃的烤箱，烤45~50分钟，表面上色即可。

Chapter 7

早餐好时光 / 午后悠闲茶点

烤宝贝松饼时,
每次看到松饼在烤箱里膨胀得很高的样子,
都能令我和孩子惊呼连连,
然而一出炉的松饼又会很快地瘪下去,
整个过程像是在变魔术般新奇有趣,
非常推荐亲子一起动手做,
好吃又好玩呢!

荷兰宝贝烤松饼

锅具：Le Creuset 16 厘米平底圆煎锅
分量：2 人份

材料

- 黄油 …… 2 小块
- 鸡蛋 …… 2 个
- 细砂糖 …… 1.5 大匙
- 盐 …… 1/4 小匙
- 低筋面粉 …… 1/2 杯（约 60 克）
- 鲜奶 …… 1/2 杯（约 120 毫升）
- 香草精 …… 1/4 小匙
- 糖粉 …… 适量
- 水果（芒果和覆盆子）…… 适量

Tips

1. 此食谱可做 20 厘米平底圆煎锅一份或 16 厘米圆煎锅两份。
2. 水果可自行变化，也可淋上枫糖浆或炼乳等做搭配。
3. 注意放入烤箱的位置，放在下层为佳，避免面糊膨胀起来时，碰到灯管而烧焦。

步骤

1. 在 2 个 16 厘米锅中各放入 1 小块黄油，将锅放入烤箱以 210℃ 预热 10 分钟。

2. 盆内放入蛋、糖和盐，以打蛋器搅拌均匀，并稍微打出些泡沫。

3. 筛入面粉并倒入鲜奶，加入香草精，搅拌成面糊。

4. 将预热好的锅以隔热手套小心取出，并转动锅使融化的黄油平均分布，面糊分成两份，在 2 个锅中从锅中心各倒入一份面糊。

5. 送进烤箱的下层以 210℃ 烘烤约 20 分钟。

6. 出炉后，撒上糖粉，摆放些水果，即可享用。

简单质朴的古早味蛋饼,饼皮是软弹的口感,
犹记得第一次做给我家小男孩吃时,
他对我说:"妈妈,你以后可以常常做这个玉米蛋饼给我吃吗?"
口语中充分表达了孩子那单纯的喜欢。

古早味蛋饼

锅具：Le Creuset 20 厘米平底圆煎锅

材料

蛋饼饼皮面糊
- 中筋面粉 …… 200 克
- 冷开水 …… 300 毫升
- 玉米粉或地瓜粉 …… 4 克
- 盐 …… 2 克
- 鸡蛋 …… 1 个

玉米蛋液
- 鸡蛋 …… 1 个
- 玉米粒 …… 1 大匙

佐酱
- 酱油膏或甜辣酱 …… 少许

Tips

馅料可依喜好更换葱花或其他配料。

步骤

1 先制作蛋饼皮：将1个全蛋打散后，加入冷开水搅拌均匀。

2 再加入面粉、玉米粉（或地瓜粉）和盐，搅拌均匀，成无粉状的面糊。

3 放少许油热锅热油后，即可倒入一汤瓢面糊，转动锅让面糊均匀分布，开始煎蛋饼皮至周围翘起，约呈现八分熟即可换面煎，煎熟后取出。

4 煎好的蛋饼皮先盛起放旁边，然后将所有蛋饼皮煎完，多的可以分装冷冻起来，以后要做蛋饼不必解冻，只需取出再煎一下，十分方便。

5 将已打散的玉米蛋液倒入锅中，转动锅让蛋液分布均匀。

6 蛋液煎至半熟时盖上蛋饼皮，再翻面煎至喜欢的饼皮焦度（喜欢饼皮有点焦脆的就煎久一点），将煎好的蛋饼三折卷起，再分切，淋上喜欢的佐酱即可享用。

一般松饼配方需添加少许的泡打粉,吃起来总是觉得不太安心,所以特别偏好这样以冷藏发酵面糊做成的自然蓬松的美式煎饼,其实操作手法一点也不难,只要给予酵母一些时间发酵,就能换得健康又美味的松饼!

冷藏发酵松饼

锅具：Le Creuset 16 厘米平底圆煎锅

 材料

冷藏发酵面糊
- 低筋面粉 …… 90 克
- 速发酵母粉 …… 3 克
- 细砂糖 …… 10 克
- 鲜奶 …… 100 毫升
- 水 …… 80 毫升

蛋黄面糊
- 鸡蛋 …… 1 个
- 植物油 …… 20 克
- 糖 …… 10 克
- 盐 …… 2 克
- 低筋面粉 …… 90 克

配料
- 水果 …… 适量
- 糖粉 …… 少许
- 枫糖浆 …… 适量

Tips

如果用的铸铁平底锅是经常使用的旧锅，应该不易粘黏，可轻松翻面；但若是用新锅，则可用一小块黄油或少许食用油润锅，再下面糊。只是第一块松饼会煎出有油纹的虎皮，所以在煎第二块之前可先用纸巾将锅中多余油脂拭干，接下来就可以煎出表皮上色金黄均匀的松饼。

步骤

1. 先制作冷藏发酵面糊：将已过筛的低筋面粉和酵母粉、糖混拌均匀后，再倒入水和鲜奶搅拌至无粉状，以保鲜膜覆盖，放冰箱冷藏发酵约12小时取出，放置30分钟至1小时，使面糊回复室温。

2. 待冷藏发酵面糊回温后放入蛋和植物油搅拌均匀。

3. 再放入糖、盐和已过筛的低筋面粉一起搅拌，至成无粉状的面糊即可。

4. 先洗锅，再以中小火烘干锅中水分顺便热锅后，转小火，不放油，倒入适量面糊，慢煎至起泡即可翻面。

5. 翻面后只要再煎1~2分钟，即可取出放在网架上稍微冷却，依序煎完几片松饼即可盛盘堆叠，撒上糖粉，并淋上枫糖浆，摆上适量水果，即可享用。

特别喜欢用法棍面包切厚片做出来的法式吐司,
比用一般吐司做出来的多了点嚼劲,
而且先煎再烤,不仅逼出多余的奶油油脂,
也多了点面包烤过的焦香味,
让整体口感更为外酥内软!

法式吐司

锅具：Le Creuset 23 厘米平底圆煎锅

材料

法棍面包 …… 4 片
（每片厚约 2 厘米）
鸡蛋 …… 1 个
细砂糖 …… 1 大匙
鲜奶 …… 80 毫升

香草香精 …… 1/4 小匙
黄油 …… 1 小块
糖粉 …… 适量
水果（覆盆子）…… 适量
枫糖浆 …… 适量

Tips

1. 以黄油煎烤，一定要将火力控制在小火慢煎，才不致很快就焦化。若不太会控制火力，可改以黄油加少许食用油来煎烤面包。

2. 若想要法式吐司的口感更柔软并富有蛋奶香，也可在前一晚将面包浸泡在蛋奶液中冷藏过夜，使面包内层吸满蛋奶液，但是煎烤时要小心拿取，否则容易破碎。其实法棍面包吸取蛋奶液的速度，比一般吐司快，只要浸泡约 10 分钟，就能有很柔软的口感。

步骤

1. 取一个盆子，打入蛋并放入砂糖，轻轻搅拌至糖溶化，再加入鲜奶和香草香精搅打均匀。

2. 放入面包块，不时翻面浸泡，使两面都能均匀蘸取到适量的蛋奶液，静置约 10 分钟。

3. 以小火在锅中融化适量的黄油，慢煎面包两面至略带金黄色后取出。

4. 放入小烤箱烤 2~3 分钟，或是以 180℃ 烘烤约 3~5 分钟，至表面干爽不带油脂。

5. 搭配适量的水果，撒上糖粉，再淋上枫糖浆，即可享用。

家里有剩余快过期的吐司,拿来变身为华丽可口的面包布丁,
是几乎每个英国妈妈都会做的家常早餐或点心,
没想到较干的吐司块反而更能吸收布丁蛋奶液,
让面包布丁的口感更滑溜!

草莓巧克力面包布丁

锅具：Le Creuset 16 厘米平底圆煎锅

材料

- 吐司 …… 3 片
- 全蛋 …… 1 个
- 蛋黄 …… 1 个
- 红糖 …… 20 克
- 鲜奶 …… 200 毫升
- 鲜奶油 …… 50 毫升
- 巧克力豆 …… 30 克
- 杏仁片 …… 20 克
- 君度橙酒 …… 1 小匙（可省略）
- 抹锅用 黄油 …… 适量
- 表面 红糖 …… 15 克
- 装饰 草莓 …… 适量

Tips

1. 若无橙酒可以省略，或是用朗姆酒代替。
2. 烤箱预热时，可将杏仁片放进去，预先烘烤约5分钟，更能带出坚果香气。
3. 用滤网过滤布丁奶蛋液，会让布丁口感更滑溜细致。面包中倒入奶蛋液后，静置20分钟以上，甚至可以前晚放冰箱，隔夜后让面包吸满汤汁，烘烤成品口感会更佳！
4. 在表面撒上红糖，是让面包更酥脆的秘诀。
5. 装饰的草莓可用自己喜爱的水果丁代替，水果类会出水，先不和面包布丁一起烤，这样面包布丁才不会过于湿黏，而让口感变差。
6. 用一个全蛋，再加一个蛋黄，是让布丁蛋香味更浓的美味诀窍。

步骤

1
先在烤盘里抹适量的黄油。

2
处理布丁蛋奶液：将1个全蛋和1个蛋黄在碗中打匀后，加入20克红糖搅拌至糖溶解即可（不要过度搅拌至打发），再加入鲜奶、鲜奶油和君度橙酒搅拌均匀，并以筛网过滤。

3
将吐司切成2~3厘米的面包丁，斜插摆入烤盘里，尽量让吐司边朝上，烤出来的表面会更酥脆好吃。若喜欢更香浓的味道，可将吐司块每块都涂上奶油！把布丁蛋奶液慢慢倒入面包块的缝隙当中，让上面的面包部分未吸收到蛋奶液，可保留表面面包酥脆口感，成品吃起来比较丰富有层次，也不那么腻口，此步骤可静置20分钟，让面包充分吸收蛋奶液。

4
烤箱预热至180℃，在吐司块上撒上巧克力豆和烤过的杏仁片、红砂糖，烘烤约20分钟。

5
出炉后再摆上适量的水果块，即可享用。

软法面包口感松软,和吐司很像,
比起一般法棍面包更符合台湾人的口味,
而且相当适合作为佐餐面包,推荐搭配有汤汁的炖菜类,
如红酒炖牛肉,真的非常合适!

香蒜乳酪软法面包

锅具：Le Creuset 25 厘米椭圆锅

材料

高筋面粉 …… 250 克
温水 …… 150 毫升
细砂糖 …… 15 克
盐 …… 3 克
速发酵母粉 …… 3 克
无盐黄油 …… 15 克

表面装饰

香蒜粉 …… 适量
乳酪粉 …… 适量
匈牙利红椒粉 …… 适量

步骤

1

揉面 & 一次发酵：将除了黄油以外的面团材料，放入盆中，搅拌均匀后用手或机器搓揉成有筋性面团（取一小块不易拉断即可），然后加入已软化的黄油搅拌成光滑的面团，在温暖处进行第一次发酵约1小时至体积增至两倍大。

2

将面团取出放至已撒面粉的工作台上，轻压排出空气并擀成直径约20厘米的圆形。

3

再紧紧卷起后将收口捏紧朝下，盖上锅盖进行二次发酵，约50分钟。

4

在已发酵好的面团上，用割纹刀划三刀后，撒上适量的乳酪粉、香蒜粉和匈牙利红椒粉，放进已预热200℃的烤箱，不盖锅盖以190℃烘烤约20分钟，至表面金黄上色即可。

自家制的基本款奶油餐包,
有淡淡的天然奶油香和蛋香味,
非常适合当早餐的小面包,可抹上果酱或夹入喜欢的馅料,
相当松软好吃!

奶油餐包

锅具：Staub 24 厘米南瓜锅

材料

鲜奶 …… 100 毫升
蛋黄 …… 2 个
盐 …… 3 克
细砂糖 …… 35 克
高筋面粉 …… 200 克
速发酵母粉 …… 3 克
无盐黄油 …… 35 克

表面用
全蛋液 …… 半个蛋
白芝麻 …… 适量

Tips

餐包在吃之前，用小烤箱加热 2 分钟，会更香、更好吃！

步骤

1

若用面包机打面团，要先放湿性材料（水或鲜奶），再放干性材料（粉状类），而酵母粉最好是最后放，放最上面（勿跟盐接触，以免影响发酵）。鲜奶最好也先回复至室温，也是避免影响发酵速度。

2

用面包机或是搅拌机将面团打出筋性（取一小团面团，拉长不易断即可），会手揉面包也可用手揉的方式。

3

再加入切小块软化的黄油一起搅打均匀，成为有薄膜的面团。

4

将揉好的面团滚圆，收口朝下，放入已铺烘焙纸的铸铁锅。面团表面喷些水，盖上锅盖第一次发酵，约60分钟，发酵至体积增至约2倍大。

5

在工作台上撒些面粉，取出面团放上后，在面团表面也撒些面粉，用手拍平面团，将里面的空气排出，平均分割成想要的大小。将每份滚圆后，收口朝下，放入已涂抹黄油的铸铁锅，在表面喷点水，盖锅第二次发酵（40~50分钟）。

6

发酵至体积增至约1.5倍大后，刷上蛋液，并撒上些白芝麻。

7

放入已预热至190℃的烤箱，以170℃烘烤20分钟，至面包表面呈金黄色，再将面包脱模移到网架上放凉。

跟浅锅差不多高的乳酪热狗面包卷,
霍比特人身材的面包很适合小小孩每次吃的分量,
口味还是孩子们最爱的组合,
拉丝乳酪和咸香热狗,
宝贝派对上烤这么一锅面包绝对大受欢迎!

乳酪热狗面包卷

锅具：Le Creuset 26 厘米浅底锅

材料

高筋面粉 …… 250 克
温水 …… 155 毫升
细砂糖 …… 20 克
盐 …… 3 克
速发酵母粉 …… 3 克

无盐黄油 …… 20 克
小热狗 …… 6 根
乳酪丝 …… 60 克

Tips

热狗面包卷面团分切的数量，可依锅直径大小做调整。

步骤

1. 揉面 & 一次发酵：将除了黄油以外的面团材料放入盆中，搅拌均匀后用手揉或机器搓揉成有筋性面团（取一小块不易拉断即可），然后加入已软化的黄油搅拌成光滑的面团，在温暖处进行第一次发酵约1小时，至体积增至两倍大。

2. 将面团取出放在已撒面粉的工作台上，轻压排出空气。

3. 整圆后放入盆中，盖上拧干的湿布，进行中间发酵醒面15~20分钟（依室温判断）。

4. 用擀面棍将已醒好的面团擀成大方形，横切成2块后，各摆上约3根小热狗。

5. 把两块面皮分别往前卷起呈圆柱状后，再各分切约8等份。

6. 锅内先抹层奶油，再将面团放入锅中，盖上锅盖进行二次发酵40~45分钟，至体积增至两倍大后，开盖撒上适量的乳酪丝。

7. 不盖锅盖放进已预热至180℃的烤箱，烤18~20分钟至表面呈现金黄色，取出面包放网架冷却后即可享用。

家里有个很爱吃汉堡的小男孩,
这款生铁铸铁烤盘,
每个圆模直径约9厘米,
拿来做孩子吃的汉堡分量刚好。
自己手工做的汉堡面包,
没有添加防腐剂,吃得很安心!

汉堡面包

锅具：Lodge 生铁圆模烤盘

材料

高筋面粉 …… 200 克
低筋面粉 …… 50 克
速发酵母粉 …… 3 克
水 …… 95 毫升
细砂糖 …… 25 克
盐 …… 3 克

蛋液 …… 1 个
无盐黄油 …… 30 克

表面装饰

鸡蛋液 …… 半个
白芝麻 …… 少许

Tips

1. 没有这种圆形烤模，也可以用一般烤盘，面团整圆后间隔开，放在烤盘上进烤箱烘烤。
2. 若想要面包底部的形状更圆，可以将面团分割整圆后，擀成约9厘米大小的扁圆面团，再放进圆模中。

步骤

1. 揉面 & 一次发酵：先将面粉、砂糖、酵母粉和盐混合均匀后，加入1个已打散的蛋液和水，搅拌成面团，再加入已软化并切小块的黄油，以手揉或机器搅打成光滑不粘手的面团，在温暖处进行第一次发酵，约60分钟。

2. 将面团取出放至已撒面粉的工作台上，轻压排出空气，并分切成6等份。

3. 将分切并滚圆好的面团放入圆模中，进行二次发酵45~50分钟，至体积增至两倍大。

4. 在已发酵好的面团上，刷上蛋液，并撒上少许白芝麻。

5. 放入已预热至180℃的烤箱的中层，烘烤18~20分钟至表面上色。

6. 出炉脱模放凉即可。

蔓越莓奶酥面包向来是我家小孩的最爱,松软的餐包里装着大人小孩都爱吃的奶酥内馅,搭配微酸微甜的蔓越莓干,真是不腻口的好味道!

蔓越莓奶酥面包

锅具：Le Creuset 20 厘米山茶花锅

材料

高筋面粉 …… 200 克
低筋面粉 …… 50 克
速发酵母粉 …… 3 克
鲜奶 …… 165 毫升
盐 …… 3 克
细砂糖 …… 20 克
无盐黄油 …… 20 克

表面 全蛋液 …… 适量
表面 椰子粉 …… 适量

奶酥内馅
椰子粉 …… 30 克
奶粉 …… 10 克
蔓越莓干 …… 40 克
细砂糖 …… 20 克
无盐黄油 …… 35 克

Tips
蔓越莓果干可替换成其他口味的果干，如葡萄干等。

步骤

1 揉面 & 一次发酵：将除了黄油外的面团材料放入盆中，搅拌均匀后，用手揉或机器搅打成有筋性面团（取一小块不易拉断即可），再加入已软化的黄油搅拌成光滑的面团，在温暖处进行第一次发酵约1小时，至体积增至两倍大（轻戳一下不会回缩，就是发酵完成了）。

2 将奶酥内馅材料用硬质刮刀切拌混合均匀。

3 把一次发酵完的面团取出，放在已撒面粉的工作台上，压出空气，分割成6份滚圆，再用擀面棍滚开，准备包内馅。

4 将奶酥内馅包入后，收口捏紧朝下，放入已涂黄油的锅中，盖上锅盖进行二次发酵40~50分钟（依室温而定），发酵至体积增至1.5倍大即可。

5 发酵完成后在面团表面刷上些蛋液，并撒上适量的椰子粉。

6 不盖锅盖放入已预热至190℃的烤箱，转180℃烤18~20分钟至表面上色。用硅胶刮刀将面包轻轻铲起底部，即可移出至网架放凉。

甜滋滋又充满鲜奶油香气的焦糖牛奶酱，
喝咖啡时淋上一点，正是我的最爱，
而拿自制的焦糖牛奶酱来做成面包卷，
也是治愈系的点心。

焦糖面包卷

锅具：Le Creuset 20 厘米山茶花锅

材料

- 高筋面粉 …… 200 克
- 低筋面粉 …… 50 克
- 速发酵母粉 …… 3 克
- 鲜奶 …… 150 毫升
- 盐 …… 3 克
- 细砂糖 …… 20 克
- 无盐黄油 …… 30 克

内馅
- 焦糖奶油酱 …… 35 克
- 做法详见第 185 页

表面
- 杏仁片 …… 10 克

Tips

内馅的焦糖奶油酱也可用炼乳替换，即成炼乳面包卷，有不同的变化与风味。

步骤

1. 揉面 & 一次发酵：将除了黄油以外的面团材料放入盆中，搅拌均匀后，用手揉或机器揉打成有筋性面团，再加入已软化的黄油搅拌成光滑的面团，在温暖处进行第一次发酵约1小时，至体积增至两倍大后，轻压排出空气。

2. 擀成长方形，抹上焦糖奶油酱内馅后卷起，再分切为6等份。

3. 放入锅中盖上锅盖，进行二次发酵40~50分钟，至体积增至原来的1.5倍大。

4. 撒上些杏仁片，不盖锅盖放入已预热至190℃的烤箱，转180℃烤20~25分钟至表面上色。

5. 用硅胶刮刀将面包轻轻铲起底部，即可移出至网架放凉。

常作为佐餐面包的欧式乡村面包，
有天然的麦香，
内夹的多样坚果颗粒也增添了越嚼越香的朴实风味。

坚果乡村面包

锅具：Le Creuset 18 厘米圆锅

材料

高筋面粉 ……… 250 克
温水 ……… 155 毫升
细砂糖 ……… 15 克
盐 ……… 5 克
橄榄油 ……… 15 毫升
速发酵母粉 ……… 3 克
坚果 ……… 45 克
抹锅用 橄榄油 ……… 少许
表面用 高筋面粉 ……… 少许

Tips

1. 发酵温度：在 30~35℃间，夏天可在室温下发酵，冬天可先将烤箱加热后待凉至 30~35℃，再把发酵盆（铸铁锅）放进去。
2. 发酵过程有三次，一次发酵 60 分钟，中间醒面发酵 15 分钟，整形与二次发酵 45~50 分钟。
3. 水：夏天可以直接用常温的水，冬天则把水加热至 35℃左右。
4. 面团所需水量会依各家面粉吸水性不同而有差异，请依混合面团时的湿黏状况做调整，太黏就再加点面粉，太干则再加点水，面团以不粘手为原则，较好整形。
5. 请随喜好的面包烤色深浅去加减烤的时间。
6. 坚果可以任意选自己喜爱的种类（如核桃、杏仁、腰果等）。

步骤

1. 所有坚果以低温（约150℃）烘烤 8~10 分钟后取出，将坚果切碎后备用。

2. 将面团材料（除了坚果），都用机器搅打或手揉成无粉状并不粘手的面团后，再加入已切碎的坚果混合均匀，整圆后进行第一次发酵约 1 小时。

3. 面团发酵至原来的两倍大。

4. 取出面团放在工作台上，轻压排出空气。

5. 整圆后放入已抹油的锅中，盖上拧干的湿布醒面，约 15 分钟，再进行约 45 分钟的二次发酵。

6. 在已完成发酵的面团表面均匀撒上些高筋面粉，以割纹刀划上几道割纹，或是用剪刀剪开。

7. 不盖锅盖放入已预热至230℃的烤箱，转 200℃烘烤约 25 分钟，至表面上色即可。

8. 待 5 分钟后锅身不太烫时，以硅胶刮刀沿着锅缘轻轻刮一圈取出面包，放置网架放凉后即可切片享用。

周末时,总是喜欢和家人宅在家里看电影,
用铸铁锅爆开一锅爆米花,再淋上自制的焦糖酱,
是我们赖在沙发上看电影时的最佳零食,
一口接一口完全停不下来。

焦糖爆米花

锅具：Le Creuset 22 厘米浅底锅 & 16 厘米酱汁锅
分量：2~3 人份

材料

玉米粒 …… 60 克
食用油 …… 2.5 大匙
有盐黄油 …… 10 克

焦糖奶油酱
做法详见第 185 页
| 细砂糖 …… 60 克
| 鲜奶油 …… 60 毫升

Tips

以食用油将玉米粒包覆，并受热至欲爆开的程度，再加入黄油，则可避免黄油变焦黑，而爆米花又能有奶油的香气。

步骤

1 以中大火热锅，放入玉米粒和食用油，不停翻搅，让每颗玉米粒都能沾上油。

2 发现有几颗玉米粒开始爆开时，放入黄油块，使其融化并搅拌均匀后，盖上锅盖转中火，开始计时，需3~4分钟。

3 中间可不时用隔热手套拿起锅摇晃，使玉米粒能均匀受热爆开。

4 淋上焦糖奶油酱即可。

甜味比萨中最爱香蕉和巧克力的组合啦！
薄脆饼皮上刨些黑巧克力碎片，再切些香蕉片摆上，烘烤过后，
融化的巧克力和有点焦糖味的香蕉片一起吃，是很销魂的点心呦！

香蕉巧克力比萨

锅具：Le Creuset 16 厘米平底圆煎锅

材料

黑巧克力块 …… 适量
香蕉 …… 1 根切片
比萨面团 …… 70 克两份
糖粉 …… 适量

薄脆饼皮比萨面团（免发酵）
做法详见第 51 页

高筋面粉 …… 250 克
速发酵母粉 …… 5 克
盐 …… 2 克
糖 …… 6 克
耐高温橄榄油 …… 1 大匙
（15 毫升）
温水 …… 135~140 毫升

Tips

锅具直径／比萨饼皮面团重量参考：
27 厘米／150 克
23 厘米／120 克
20 厘米／100 克
16 厘米／70 克

Le Creuset 20 厘米平底圆煎锅

步骤

1. 做好的比萨面团分割成两份，每份70克，剩下的用保鲜膜包起冷冻，可保存约1个月。

2. 将面团轻压排出空气后，把擀面棍放中间，往上下左右依次各擀一次，擀成扁圆形。

3. 放入锅中，以叉子轻戳出几个洞。

4. 送进已预热至250℃的烤箱烤约5分钟，至饼皮略焦黄后取出。

5. 用隔热手套小心取出煎盘，刨些黑巧克力碎屑，摆上香蕉片，再送进烤箱以230℃烘烤约5分钟，至呈现出喜欢的饼皮颜色，即可取出。

6. 撒上些糖粉，再刨些黑巧克力碎屑即可。

酥脆又有淡淡茶香的红茶饼干,
用森林系动物的饼干压模造型,
更增添了治愈系气息,让人在享用饼干之余,
也不知不觉放松了心情。
这款压模饼干非常适合亲子同乐,
一起玩烘焙!

红茶饼干

材料

低筋面粉 …… 200 克
无盐黄油 …… 80 克
全蛋 …… 1 个
细砂糖 …… 60 克
红茶包 …… 1 包

Tips

1. 天气太热时，室温过高或小朋友手温较高，建议面团冷藏 1 小时，才不会过软而在压模与取出时难以操作。
2. 喜欢红茶味更浓郁的话，可以多加一包红茶粉，红茶包也可以换成其他口味的茶包。
3. 各家烤箱火力不一，最好在烤箱旁观察上色变化，来判断增减烤焙的时间。

步骤

1. 黄油于室温下软化后，用打蛋器搅拌成泥状，再加入细砂糖搅打均匀成微白状。

2. 将蛋液打散后，分次倒入黄油泥中，搅拌均匀。

3. 撕开红茶包，将红茶粉倒入，并筛入面粉。

4. 以刮刀搅拌均匀，成无粉状的面团。

5. 以保鲜膜包起面团，放进冰箱冷藏30分钟。

6. 从冰箱取出面团，放在撒了少许面粉的工作台上，铺上一层保鲜膜，用擀面棍擀成均匀薄平状。

7. 开始压模。

8. 烤盘铺烘焙纸，放上压好的饼干面团，送进已预热至170℃的烤箱，放中层烤15分钟。中间可以更换烤盘方向，让饼干上色更均匀。

用松饼粉做抹茶红豆蛋糕,方便又快速。
蛋糕体的松软加上抹茶红豆的香甜,
切片盛装在日式食器上,
会有在享用京都茶点的错觉!

抹茶红豆蛋糕

锅具：Le Creuset 18 厘米爱心浅底锅

材料

蛋黄面糊
- 蛋黄 …… 4 个
- 抹茶粉 …… 20 克
- 无盐黄油 …… 60 克
- 蜜红豆 …… 50 克
  做法详见第 189 页
- 松饼粉 …… 120 克

蛋白霜
- 鸡蛋白 …… 4 个
- 细砂糖 …… 30 克

Tips

1. 总烘烤时间为 25 分钟，烤好时从中间以竹签刺入，取出无沾黏即可。每家烤箱火力不同，请自行斟酌增减烘烤时间。
2. 有黄油成分的蛋糕不建议冷藏保存，因其较容易变硬。

步骤

1 先处理蛋黄面糊，将蛋黄液打匀。

2 无盐黄油放进微波炉加热50秒，至融化成液体状，将已融化的黄油倒入蛋黄液中搅打均匀。

3 分2~3次加入已过筛的松饼粉和抹茶粉。

4 搅拌成无粉粒状的面糊即可。

5 先以慢速将蛋白打出些粗泡后，再分2~3次加入细砂糖，并用中速打发蛋白霜至硬挺成尖角状，分3~4次加入蛋白霜，轻柔快速搅拌均匀面糊。搅拌力道勿过大，以免蛋白霜消泡太快。

6 最后拌入蜜红豆，动作也要轻柔快速。

7 将搅拌均匀的面糊从中间高处倒入已抹黄油的锅（烤盘）内，稍微在桌面敲一下烤盘，让空气震出一些，送进已预热至180℃的烤箱，先放下层烤约15分钟，再移动烤盘至中层继续烤10分钟，至表面上色，并更换方向，让烤色更均匀。

8 出炉后待锅身略凉后，以细扁硬质的硅胶刮刀沿着锅缘刮开，即可顺利脱模，倒扣出来于网架上放凉。

戚风用略带独特佛手柑芬芳气息的伯爵红茶来制作，
具有微甜不腻又轻盈细致的口感，
每口蛋糕除了品尝得到淡淡天然茶香外，
还洋溢着柑橘的清新气息。

伯爵红茶戚风蛋糕

锅具：Le Creuset 16 厘米圆锅

材料

伯爵茶包 …… 1 包
水 …… 60 毫升

蛋黄面糊
| 蛋黄 …… 3 个
| 细砂糖 …… 20 克
| 植物油 …… 50 毫升
| 伯爵红茶液 …… 50 毫升
| 低筋面粉 …… 80 克
| 伯爵茶粉 …… 5 克

蛋白霜
| 蛋白 …… 3 个
| 细砂糖 …… 50 克

注：
蛋黄、蛋白分离后，蛋白冷藏备用。
植物油（尽量挑选没有明显油腥味的油类）。

Tips

1. 打蛋白霜要注意其搅拌盆一定要干净，且无油、无水。分蛋时，蛋白不可以沾到蛋黄，戚风的蛋白霜要打到呈现有光泽感的硬性发泡，才能做出有弹性的蛋糕。
2. 蛋黄面糊和蛋白霜混拌过程，要轻柔快速地边转盆边由下往上翻拌，烤箱也要先预热好，当混拌均匀时就要赶快入烤箱烘烤，以免蛋白霜消泡，否则蛋糕容易塌陷。
3. 烤模（锅）内不可以涂油，也不能是不粘材质，因戚风蛋糕出炉要倒扣来避免回缩，若是锅中残留油膜，蛋糕会容易滑出掉落。

步骤

1. 取一小锅倒入60毫升水煮开后，放入1包伯爵茶包，熄火关盖焖约10分钟后，取出50毫升伯爵茶液备用。

2. 将蛋黄、砂糖用打蛋器搅拌均匀至颜色略泛白后，分次慢慢加入植物油、伯爵红茶液，混拌均匀。

3. 加入已过筛的低筋面粉和两包伯爵茶包粉（剪开茶包倒入），用搅拌器充分混拌至无粉状。

4. 将冰蛋白倒入干净无油、无水的调理盆中，以搅拌机中高速打发。砂糖分3次加入，拌打至捞起蛋白霜呈不会掉落的直立尖角状。

5. 将蛋白霜分3次加入蛋黄面糊中，以硅胶刮刀从盆底轻轻地把蛋黄面糊往上翻，和蛋白霜切拌均匀成蓬松状的面糊。将面糊由略高处倒入干净并无油、无水的锅中后，在桌布上轻震几下，将大气泡震出。

6. 放进已预热至170℃的烤箱，烤约10分钟时可先取出在面糊上划十字刀，使裂口规则美观，再进烤箱继续烤20~25分钟。出炉后在桌上轻震几下，以适当的钢盆或锅撑住两边锅耳倒扣，放至冷却，再以硅胶扁刮刀沿着锅缘转一圈，即可倒扣脱模。

加了蜂蜜柠檬和酸乳的轻乳酪蛋糕更加绵密细致，而且也让奶油乳酪的乳酪味柔顺好入口，若是不敢尝试重乳酪蛋糕，一定要尝尝这款轻乳酪蛋糕，整体口感轻盈滑顺，冰过会更好吃呦！

PS.文内提供两种不同尺寸的锅具（也适合8寸/6寸蛋糕模）的食材分量以供参考。

蜂蜜柠檬酸乳轻乳酪蛋糕

锅具：Le Creuset 18 厘米爱心锅 /8 寸固定蛋糕模

材料

- 奶油乳酪 …… 240 克
- 蜂蜜 …… 24 克
- 酸乳 …… 140 克
- 无盐黄油 …… 90 克
- 蛋黄 …… 4 个
- 低筋面粉 …… 50 克
- 玉米粉 …… 10 克
- 细砂糖 …… 70 克
- 鸡蛋白 …… 4 个 冷藏
- 柠檬 …… 半个
- 榨汁约 5 毫升

Tips

1. 烤箱预热至 150℃，以水浴法隔水烘烤，上下火 150℃烘烤 60 分钟，当以 150℃烤到约 40 分钟时，若表面已上色，可以视情况降低温度至 140~130℃继续烤约 30 分钟，烤温请依自家烤箱特性来微调。
2. 蛋糕烤出分层的原因：蛋黄乳酪面糊和蛋白霜未混合均匀，导致蛋黄糊沉淀，所以一定要确实将蛋黄乳酪面糊部分的每个步骤做到位，就不易失败啦！
3. 蛋白霜要注意不要打发至硬性发泡，否则蛋糕很容易在烘烤过程中裂开，并在出炉后回缩或缩腰。
4. 烘烤过程避免开烤箱，否则容易导致蛋糕塌陷。
5. 放凉后，建议放密封盒冷藏 3~4 小时后再品尝，保存期限约 2 天，新鲜吃最好。

步骤

1. 如果不是不粘锅（烤模），就在锅内均匀抹上黄油，底部铺上烤纸备用。

2. 处理乳酪糊，先将黄油和奶油乳酪回复室温软化后，和蜂蜜、酸乳一起用调理机或果汁机打匀，这样能加速均匀糊化。

3. 将打匀的乳酪糊倒入盆中，隔水加热融化颗粒（温度不用太高，约50℃即可），搅拌均匀至无颗粒的柔顺乳酪糊状，即可离火。这里要有耐心搅拌至均匀糊化，不然很容易烤出分层的轻乳酪蛋糕。

4. 待乳酪糊略凉后，分两次加入蛋黄搅拌均匀，再加入已过筛的低筋面粉和玉米粉，搅拌均匀成蛋黄乳酪面糊。

5. 将蛋黄乳酪面糊用网筛过滤后备用，这一步骤可让蛋糕体更绵密细致。

步骤 6~12 请翻页

6 将冷藏的蛋白取出放至无水无油、干净的钢盆里,先用低速搅拌至出现些粗泡后,再转中速打出更多泡泡,加总糖量的1/3和一半的柠檬汁,用中速继续打,出现更多绵密泡沫时,再加1/3糖量,快打完时再将剩下的糖和柠檬汁加入,将蛋白打发至湿性发泡。湿性发泡,就是提起蛋白霜会有下垂的尖角但不会滴下(只是晃动时尖角略有流动感不死硬)。

7 将备用的蛋黄乳酪面糊搅拌均匀(因为怕有沉淀),取1/3的蛋白霜加入到蛋黄乳酪面糊中,以硅胶刮刀由下往上将蛋黄面糊翻起来,切拌蛋白霜至均匀(动作要轻柔,别让蛋白霜消泡太多)。

8 再把剩下的蛋白霜分次倒入蛋黄面糊中切拌均匀,这里一定要快速轻柔地切拌均匀,若混合不均匀,蛋黄面糊容易沉淀,也容易烤出分层的轻乳酪蛋糕。

9 将面糊倒入模具后,在布上将模具提起往下轻摔几下,震出面糊里的气泡,可使蛋糕体更绵密细致。

10 找个烤盘或浅锅,比模具略大一些(不要太大),因为底层烤盘太大会影响模具的受热均匀度,以锅中锅的水浴法烘烤(18厘米爱心锅+22厘米浅底锅),将底层的锅或烤盘注入约1厘米高的冷水,一起放入已预热至上下火皆150℃的烤箱,放下层(但不是最底层),锅的表面要刚好靠近上火才容易上色,烤约60分钟。

11 出炉后在布上轻摔锅,让空气进入蛋糕边缘,这样蛋糕不易回缩,蛋糕边缘会自动脱离开锅,不需用刮刀,此时左右轻轻晃动锅,让整个蛋糕可以脱离锅身边缘。

12 待表皮冷却约5分钟后,就可以倒扣出来脱模放凉(表皮还烫会粘盘子),倒扣时可以用一个盘子扣着锅,再轻轻地斜倒出来。动作要慢且轻柔,也要注意锅的角度使其不卡到蛋糕,只要多练几次一定可以完美脱模。然后将底部的烤纸撕掉,放至网架上放凉。

锅具：Le Creuset 16 厘米圆锅 / 6 寸固定蛋糕模

🍳 材料

奶油乳酪 …… 120 克
蜂蜜 …… 12 克
酸乳 …… 70 克
无盐黄油 …… 45 克
蛋黄 …… 2 个
低筋面粉 …… 25 克
玉米粉 …… 5 克
细砂糖 …… 35 克
鸡蛋白 …… 2 个
柠檬汁 …… 1/4 个　榨汁约 2.5 毫升

Chapter 8

手 工 抹 酱 / 果 酱 / 甜 点 内 馅

挑咖啡,我总爱喝焦糖玛奇朵,就是贪图上面焦糖酱的香甜,其实在家只要有两种材料就能做出非常可口的焦糖奶油酱,做法也不难,只要掌握住煮焦糖的火候和熄火的关键时刻,不煮过头即可,将焦糖液加上鲜奶油,搅拌完后等不烫手时,我就会偷偷挖一小口来尝尝,那刚刚好的香浓甜味是"煮"妇在厨房的小幸福哪!

焦糖奶油酱

锅具：Le Creuset 16 厘米酱汁锅

材料

细砂糖 …… 120 克
鲜奶油 …… 120 毫升

Tips

1. 若在最后加少许海盐调味，就是盐味焦糖奶油酱，可平衡甜味，使口感不那么腻。
2. 煮焦糖的过程一定要紧盯着，并不时绕圈摇晃锅，一旦细砂糖全部溶化并变成琥珀色，就要赶紧离火，避免煮过头而让焦糖变苦了！
3. 煮好的焦糖奶油酱放入已消毒干燥的玻璃罐，可冷藏保存约一周，冷藏后会变硬，取出时可以稍微加热再使用。
4. 焦糖奶油酱可当面包的馅料或抹酱，也可淋在咖啡、可丽饼或爆米花上，都非常地美味！

步骤

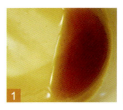

1. 在锅里放入细砂糖，以小火煮至糖溶化，切勿搅拌焦糖液，以免返结晶变硬块，不时摇晃锅直到焦糖呈淡琥珀色即可熄火。

2. 请戴隔热手套将已加热至微温的鲜奶油倒入。

3. 最好选锅身较高的锅，因为倒入鲜奶油后会溅起更多泡泡与热蒸气，要注意避免被烫伤。

4. 迅速以木匙将焦糖液与鲜奶油搅拌均匀即可。

草莓季时最适合多采些新鲜草莓，先糖渍过后，再慢慢搅拌，熬制成草莓果酱，无多余的添加物与色素。自制的果酱罐只要用蛋糕纸杯和麻绳简单包装，就带有浓浓的手作乡村风，送礼、自用两相宜呢！

草莓果酱

锅具：Emalia Olkusz 珐琅牛奶锅

材料

草莓 …… 200 克
冰糖 …… 80~100 克
柠檬 …… 1 个榨汁

Tips

1. 如何判断果酱浓稠度是否刚好，只要用汤匙舀点果酱，滴入冷开水中，下沉而不会散开，就可以盛罐了。
2. 放凉后，只要还未开封，可常温保存；一旦开封，就得放冰箱冷藏。不加防腐剂的天然手工果酱要尽早吃完，保存期限约一周。

步骤

1. 将草莓洗净切块后，和冰糖、柠檬汁一起搅拌均匀后放入容器，再放进冰箱冷藏一晚，让草莓充分糖渍过。

2. 放于锅中，中火煮开，随即关小火继续煮。

3. 中间有浮末要捞出。

4. 煮至浓稠状后，可尝尝味道，若发现偏甜，可加柠檬汁调味；不够甜，则加少许冰糖调整。

5. 煮好的果酱放入已用热水消毒烘干的果酱瓶，立刻倒扣放置，这样余热还可以密封、杀菌。

用红糖蜜了一锅红豆,想喝红豆汤时,
只要舀出一些红糖蜜红豆兑热水稍微煮开,
很快就能有一碗热乎乎的红豆汤可以享用,
想做蛋糕、面包或是年节开运的红豆年糕,
　　也可以随时取用,真的很方便。

蜜红豆 & 红豆汤

锅具：Staub 16 厘米圆锅

材料

红豆 …… 1杯（量米杯）
红糖 …… 适量
盐 …… 少许

Tips

1. 煮红豆汤不可太早加糖，否则红豆不易煮至软烂，最后煮好要调味时再加糖。
2. 在步骤3炖煮红豆的过程中，要保持水量高于红豆约2厘米，若锅气密性不足而不能锁水，需视情况添加水。
3. 铸铁锅内层若是白珐琅，煮过红豆后容易染色，黑珐琅则容易有灰白色沉淀物，可以用小苏打粉加点柠檬汁或餐具去渍粉泡水煮开后洗净，炖肉或煮番茄糊等也能顺便去掉这些沉淀物。

步骤

1. 洗红豆时顺便挑出不好的豆子（有虫蛀的或长霉的都挑出），然后用冷开水没过红豆约2厘米高，泡水一夜。

2. 将泡好的红豆倒入锅中，水量没过红豆2厘米即可，加水煮开后，倒掉红豆的涩水（重复此步骤两次，以去除红豆皮的涩味）。

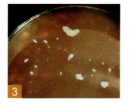
3. 第三次加水没过红豆约2厘米，煮开后转小火加盖煮约30分钟，到红豆破裂即可。铸铁锅锁水力很强，可视情况不加水，若是其他锅具则视水量再斟酌增加，让水量保持高过红豆约2厘米。另外，铸铁锅煮红豆所需时间很短，其他锅具则自行斟酌延长烹煮时间。

4. 开盖检查红豆是否已破裂，也顺便挑出煮不破的劣质硬红豆，让红豆汤煮开微微收汁后，熄火，用适量的黑糖和少许盐搅拌均匀，边加红糖边尝味道到自己喜欢的甜度。

5. 加适量的红糖后，盖锅焖约1小时，好吃的红糖蜜红豆就做好了。用适量的开水兑些蜜红豆，就是好喝的红豆汤了。

附 录

用铸铁锅烘焙蛋糕或面包如何脱模？

1
烘焙蛋糕或面包前，请在锅内抹些黄油或耐高温的植物油，锅底可以铺烘焙纸防止粘黏。（只有做戚风蛋糕时不宜涂油，因为出炉倒扣时会使蛋糕整个滑出）。

2
需备一把顺手好用的硬质硅胶扁刮刀，不建议用不锈钢材质的刮刀（怕刮伤锅内珐琅）。

3
出炉后，待锅身略为降温后，用硬质的硅胶扁刮刀沿着锅缘转一圈，再轻轻用刮刀铲起蛋糕、面包的底部或倾斜倒扣，即可顺利脱模。

锅具和烤盘模具索引一览表

欧式料理

法式红酒炖牛肉 ~ 24厘米 LC 炖饭锅
普罗旺斯炖菜烤鸡腿 ~ 26厘米 LC 浅底锅
法式舒芙蕾欧姆蛋 ~ 20厘米 LC 平底圆煎锅
牧羊人派（英式农舍派）~ 10厘米 LC 铸铁小锅
青酱蛤蜊意大利面 ~ 23厘米 LC 平底圆煎锅
意大利波隆那肉酱 ~ 22厘米 LC 圆锅
意式水煮鱼（Acqua Pazza）~ 30厘米 LC 浅底锅
意式肉酱薄脆饼皮比萨 ~ 27厘米 LC 可丽饼煎锅
意式栉瓜乳酪烘蛋 ~ 20厘米 LC 平底圆煎锅
罗宋汤 ~ 25厘米 LC 椭圆锅

圣诞节／情人节私厨菜单

匈牙利红椒烤鸡&手风琴马铃薯 ~ 29厘米 LC 长方烤盘/长方锅
英式威灵顿牛排 ~ 20厘米 LC 平底圆煎锅
西班牙海鲜饭 ~ 26厘米 LC 浅底锅
奥利奥熔岩巧克力布朗尼 ~ 18厘米 LC 圆锅
香料热红酒 ~ 18厘米 LC 爱心锅

亚洲异国风味菜

韩式马铃薯鸡汤 ~ 24厘米 LC 圆锅
春川辣炒鸡排 ~ 24厘米 LC 炖饭锅
日式炸猪排堡 - 22厘米 LC 妈咪锅 & 20厘米单柄方烤盘
日式鸡肉野菇炊饭 ~ 20厘米 LC 南瓜锅
柠檬黄油酒蒸蛤蜊 ~ 20厘米 Staub 塔吉锅
北海道鲑鱼石狩锅 ~ 22厘米 Vermicular 圆锅
儿童版泰式打抛猪 ~ 18厘米 LC 圆锅
泰式绿咖喱鸡 ~ 20厘米 LC 圆锅
泰式酸辣虾汤 ~ 22厘米 LC 妈咪锅
泰式柠檬香茅煎鱼 ~ 24厘米 LC 条纹煎烤盘
叻沙米线 ~ 18厘米 LC 苹果锅
百里香柠檬虾 ~ 18厘米 LC 炖饭锅

妈妈的家常味

蜂蜜啤酒卤梅花肉 ~ 22厘米 LC 圆锅
番茄红烧牛肉面 ~ 24厘米 LC 圆锅
樱花虾油饭 ~ 20厘米 LC 圆锅
糖醋鱼片 ~ 22厘米 LC 浅底锅
萝卜卤牛腱 ~ 28厘米 Staub 蜂巢锅
枸杞芝麻油虾 ~ 22厘米 LC 妈咪锅
豆豉鲜牡蛎嫩豆腐 ~ 23厘米 LC 平底圆煎锅

三杯栗子烧鸡 ~ 24厘米 Staub 南瓜锅
可乐卤猪脚 ~ 22厘米 LC 妈咪锅
蜜汁叉烧 ~ 24厘米 LC 条纹煎烤盘
传统古早味卤肉臊子 ~ 18厘米 Vermicular 圆锅
酸菜鸭肉汤 ~ 26厘米 Staub 圆锅
绍兴冰糖红烧肉 ~ 22厘米 LC 妈咪锅
芦笋培根卷 ~ 20厘米 LC 椭圆铸铁烤盘

宴客经典年菜

红蟹米糕 ~ 25厘米 Staub 番茄锅 & 37厘米中华炒锅
啤酒冰糖酱鸭 ~ 31厘米 Staub 公鸡椭圆锅
橙汁排骨 ~ 22厘米 LC 妈咪锅 & 20厘米 平底圆煎锅
鲜虾粉丝煲 ~ 18厘米 LC 甜椒锅
蒜香红烧鱼 ~ 30厘米 LC 浅底锅
腊味乌鱼子煲仔饭 ~ 20厘米 LC 山茶花锅
枸杞银耳莲子汤 ~ 24厘米 LC 炖饭锅
烤红豆年糕 ~ 18厘米×13厘米 LC 陶瓷烤盘

早餐好时光／午后悠闲茶点

荷兰宝贝烤松饼 ~ 16厘米 LC 平底圆煎锅
古早味蛋饼 ~ 20厘米 LC 平底圆煎锅
冷藏发酵松饼 ~ 16厘米 LC 平底圆煎锅
法式吐司 ~ 23厘米 LC 平底圆煎锅
草莓巧克力面包布丁 ~ 16厘米 LC 平底圆煎锅
香蒜乳酪软法面包 ~ 25厘米 LC 椭圆锅
奶油餐包 ~ 24厘米 Staub 南瓜锅
乳酪热狗面包卷 ~ 26厘米 LC 浅底锅
汉堡面包 - Lodge 生铁奶模烤盘
蔓越莓奶酥面包 ~ 20厘米 LC 山茶花锅
焦糖面包卷 ~ 20厘米 LC 山茶花锅
坚果乡村面包 ~ 18厘米 LC 圆锅
焦糖爆米花 ~ 22厘米 LC 浅底锅 & 16厘米酱汁锅
香蕉巧克力比萨 ~ 16厘米 LC 平底圆煎锅
红茶饼干 - 烤箱内附烤盘
抹茶红豆蛋糕 ~ 18厘米 LC 爱心浅底锅
伯爵红茶戚风蛋糕 ~ 16厘米 LC 圆锅
蜂蜜柠檬酸乳轻乳酪蛋糕 ~ 18厘米 LC 爱心锅 & 16厘米 圆锅

手工抹酱／果酱／甜点内馅

焦糖奶油酱 ~ 16厘米 LC 酱汁锅
草莓果酱 - Emalia Olkusz 珐琅牛奶锅
蜜红豆&红豆汤 ~ 16厘米 Staub 圆锅

注：Le Creuset 以缩写LC代称。